Rosângela, um pouco da rede urbana e muitos votos de sucesso,
Roberto Lobato Corrêa,
dez. 2006

Estudos sobre a rede urbana

Do Autor:

TRAJETÓRIAS GEOGRÁFICAS

INTRODUÇÃO À GEOGRAFIA CULTURAL
com Zeny Rosendahl (Orgs.)

Roberto Lobato Corrêa

ESTUDOS SOBRE A REDE URBANA

BERTRAND BRASIL

Capa: Leonardo Carvalho

Editoração: DFL

2006
Impresso no Brasil
Printed in Brazil

CIP-Brasil. Catalogação na fonte
Sindicato Nacional dos Editores de Livros – RJ

C845e Corrêa, Roberto Lobato, 1939-
Estudos sobre a rede urbana/Roberto Lobato Corrêa. — Rio de Janeiro: Bertrand Brasil, 2006.
336p.

ISBN 85-286-1195-7

1. Política urbana. 2. Cidades e vilas. 3. Sociologia urbana. I. Título.

CDD – 307.76
06-2097 CDU – 316.334.56

EDITORA BERTRAND BRASIL LTDA.
Rua Argentina, 171 — 1º andar — São Cristóvão
20921-380 — Rio de Janeiro — RJ
Tel.: (0xx21) 2585-2070 — Fax: (0xx21) 2585-2087

Sumário

Terceira Parte – A Rede Urbana Brasileira

Apresentação

A presente coletânea reúne textos que focalizam a rede urbana, muito especificamente aquela do território brasileiro. Conjunto funcionalmente articulado de centros urbanos e suas hinterlândias, envolvendo uma complexa diferenciação entre cidades, a rede urbana constitui-se em temática relevante para a compreensão da geografia de uma região ou país. Por seu intermédio, viabiliza-se o cada vez mais complexo ciclo de reprodução do capital e a divisão territorial do trabalho. A vida política é também profundamente influenciada pela rede de cidades.

A importância da rede urbana para a academia, contudo, associa-se à sua relevância para o planejamento econômico e social. Quando este considera explicitamente uma dimensão espacial, a temática da rede urbana é enfatizada. Privilegia-se, então, as relações entre desenvolvimento e rede urbana, atribuindo-se às cidades mais importantes o papel de propulsoras ou retransmissoras do desenvolvimento capitalista. Análises críticas sobre a rede urbana são excepcionalmente raras, produzindo-se a impressão de que alguns temas estão inevitavelmente associados a uma perspectiva acrítica. Neste sentido, os textos aqui reunidos procuram oferecer uma outra visão a respeito da rede urbana, esperando que outros, geógrafos ou não, possam também contribuir criticamente com estudos sobre o tema.

* * *

O meu interesse pela temática da rede urbana nasce em 1961, quando, então lotado na antiga Divisão de Geografia do IBGE, fui estimulado por Lysia Bernardes, com quem trabalhava. Sob a influência de Michel Rochefort, que na segunda metade da década de 1950 produzira a sua tese de Doctorat d'État versando sobre a organização urbana da Alsácia, França, Lysia Bernardes pesquisava a área de influência da metrópole carioca e, logo, a rede urbana nordestina. Com ela, iniciei-me na temática da rede urbana, produzindo, ainda na década de 1960, estudos sobre a rede urbana alagoana e a área de influência de Aracaju.

A estada na Universidade de Estrasburgo (1964-1965) criou as bases para estudar as relações entre cidade e região no sudoeste paranaense. As influências de Etienne Juillard e Raymond Dugrand foram fundamentais para o referido estudo. A estada na Universidade de Chicago (1973-1974), sob a orientação de Brian Berry, possibilitou novas perspectivas a respeito da temática da rede urbana.

A perspectiva crítica alargou ainda mais o meu interesse pelo tema, tendo descoberto amplo e fértil caminho a ser percorrido. *Repensando a Teoria dos Lugares Centrais*, publicado originalmente em 1982, é, talvez, a melhor expressão desta visão, em relação à qual os contatos com Milton Santos foram extremamente enriquecedores.

Walter Christaller, com a sua discutida teoria dos lugares centrais, Brian Berry, Etienne Juillard, Michel Rochefort, Raymond Dugrand e David Harvey são os mestres estrangeiros a quem devo muito do que aprendi sobre a temática da rede urbana, enquanto entre os brasileiros estão Lysia Bernardes e Milton Santos. Os textos aqui reunidos devem muito a cada um deles.

* * *

O presente livro divide-se em três partes. Na primeira, apresenta-se uma proposição de estudo relativa à rede urbana. Publicada originalmente em 1988, deu origem ao pequeno livro *A Rede Urbana*, já esgotado. Mínimas alterações foram introduzidas.

A segunda parte contém dois textos sobre as relações entre gestão do território, empresa e rede urbana. O primeiro reporta-se a um capítulo da história econômica brasileira, envolvendo a dimensão espacial do processo de concentração bancária no país, com base em informações sobre as redes bancárias em 1961 e 1985. O segundo texto, por sua vez, diz respeito à geografia do grupo Souza Cruz, poderoso conglomerado com efetiva capacidade de estabelecer práticas espaciais que geram um significativo controle dos territórios onde atua.

Na terceira e última parte, os cinco textos incluídos referem-se à rede urbana brasileira de *per si*, incluindo estudos em escalas regional e nacional, de um lado, e estudos empíricos e reflexões, de outro. Assim, o primeiro texto versa sobre a periodização da rede urbana amazônica. O segundo diz respeito às transformações que recentemente afetaram as pequenas cidades da região onde foi intenso o processo de modernização da agricultura. Uma reflexão sobre as relações entre rede urbana e formação espacial constitui a base do terceiro texto, que assim procura fazer uma leitura da rede urbana brasileira numa perspectiva social, espacial e temporal. O quarto texto descreve alguns resultados de uma pesquisa sobre as interações espaciais entre os principais centros da rede urbana, enquanto o último constitui-se em reflexão sobre a dinâmica recente da rede urbana brasileira.

* * *

O conjunto de textos aqui apresentado, a despeito de focalizar vários aspectos direta ou indiretamente vinculados à rede urbana, é muito heterogêneo. Proposições, reflexões e estudos empíricos de diversas tonalidades foram reunidos, oferecendo uma variedade de abordagens sobre a rede urbana. Os estudos empíricos estão baseados em dados de um passado próximo e precisam ser atualizados. A publicação desses estudos, no entanto, teve a intenção de criar uma memória geográfica sobre os centros de gestão do territórıo no país, sobre o processo de concentração bancária, ainda em curso, a respeito da estrutura organizacional e espacial de poderoso conglomerado, e, finalmente, sobre as interações telefônicas entre as grandes cidades brasileiras. Esta memória geográfica é fundamental para não se perder, num país que se recusa a ter uma memória de sua geografia, o fio que articula o passado ao presente e encaminha para o futuro da dimensão espacial da sociedade brasileira. Que esta memória possa servir para reflexões críticas sobre o país.

As reflexões, por outro lado, são republicadas para que contribuam para o debate acadêmico. Que esses debates sejam ricos e encaminhem novas reflexões sobre esta importante temática que é a rede urbana.

Roberto Lobato Corrêa
agosto de 2005

Primeira Parte

Uma Proposição

1. O Estudo da Rede Urbana: Uma Proposição Metodológica*

Os estudos sobre redes urbanas têm se constituído em uma importante tradição no âmbito da Geografia. Esta importância deriva da consciência do significado que o processo de urbanização passou a ter, sobretudo a partir do século XIX, ao refletir e condicionar mudanças cruciais na sociedade. No bojo do processo de urbanização, a rede urbana passou a ser o meio através do qual produção, circulação e consumo se realizam efetivamente. Por meio da rede urbana e da crescente rede de comunicações a ela vinculada, distantes regiões puderam ser articuladas, estabelecendo-se uma economia mundial.

A despeito dos numerosos estudos realizados, no entanto a temática da rede urbana está longe de ter sido esgotada. Especialmente quando se considera um país de dimensões continentais, como o Brasil, onde a longa e desigual espaço-temporalidade dos processos sociais tem sido a regra e onde a rapidez e a intensidade da criação de centros e transformação da rede urbana são ainda notáveis no final do século XX. Paralelamente, coexistem setores da rede urbana cuja gênese remonta ao século

* Publicado originalmente na *Revista Brasileira de Geografia*, *50*(2), 1988, pp. 107-124. Estamos cientes de que muitas alterações ocorreram na rede urbana. No entanto, queremos registrar aqui o que pensávamos sobre a rede urbana no final da década de 1980. Poderá servir como contraponto para estudos mais recentes, realizados nos primeiros 20 anos do século XXI.

XVI, no alvorecer do capitalismo, quando a rede urbana começa a constituir-se.

Este trabalho tem por finalidade apresentar uma proposição para o estudo da rede urbana brasileira ou de um de seus segmentos. Um esclarecimento deve ser feito neste momento: entendemos por rede urbana, numa definição mínima e inicial, o conjunto de centros urbanos funcionalmente articulados entre si. Neste sentido, não aceitamos a tese, apoiada em uma concepção idealista e normativa, da existência de rede urbana modelada segundo o padrão christalleriano ou a regra da ordem-tamanho de cidades. Do mesmo modo, não aceitamos a tese de que apenas nos países desenvolvidos existe rede urbana, tal não acontecendo nos denominados países subdesenvolvidos.

O presente trabalho divide-se em três seções. A primeira procura mostrar o que foi a produção geográfica sobre redes urbanas. Não deve ser encarada como uma longa, exaustiva e sistemática revisão bibliográfica, mas indicadora das principais vias de abordagem do tema. Na segunda, procura-se apresentar a natureza e o significado da rede urbana, ou seja, indica-se o nosso posicionamento sobre o assunto. Finalmente, na terceira parte, será apresentada uma proposta geral de estudo sobre o tema em pauta, considerando a rede urbana brasileira.

Se estudos empíricos forem realizados a partir das proposições que serão apresentadas, ou, ainda, a partir das críticas a elas, contribuindo para o conhecimento da organização espacial brasileira, então o presente trabalho terá plenamente justificada a sua elaboração.

I — Redes Urbanas: As Abordagens dos Geógrafos

O tema rede urbana tem sido abordado pelos geógrafos a partir de diferentes vias. As mais importantes dizem respeito à diferenciação das cidades em termos de funções, dimensões básicas de variação, relações entre tamanho demográfico e desenvolvimento, hierarquia urbana e relações entre cidade e região. Estas vias não são necessariamente excludentes entre si, interpenetrando-se, mutuamente, de diferentes modos. A noção de rede urbana, por outro lado, nem sempre aparece explicitamente, como ocorre, por exemplo, em alguns estudos sobre classificação funcional de cidades. Vale lembrar, ainda, que as abordagens citadas não são exclusivas dos geógrafos, mas compartilhadas em algum grau com outros cientistas sociais.

Os estudos da diferenciação de cidades em termos de funções são clássicos. Segundo Dickinson, já em 1921 o geógrafo Aurousseau propõe uma classificação de cidades em oito tipos, de acordo com a função dominante: cidades de administração, defesa, cultura, produção, coleta, transferência, distribuição e recreação. Harris, em seu estudo de 1943 sobre as cidades norte-americanas, também classifica as cidades de acordo com a atividade de maior importância. Já a contribuição de Nelson é digna de nota pela precisão estatística na classificação das cidades norte-americanas em 10 tipos, podendo uma cidade ser definida por uma combinação de duas ou três funções.

Visando clarificar mais a questão das funções urbanas, vários autores fizeram o desdobramento das atividades da cidade em: a) básicas ou primárias, que são "exportadas", justificando, assim, a própria existência da cidade, e b) atividades não-básicas ou secundárias, que se destinam à população urbana. Exemplifica-se com as discussões e proposições de Alexander e Ullman e Dacey, estes introduzindo o conceito de necessidades mínimas da população urbana, o que muito se aproxima do conceito de atividade não-básica. O artigo de Magnanini sobre os centros urbanos de Santa Catarina, apoiado em dados do Censo Demográfico, constitui-se em excelente exemplo de estudo sobre classificação de cidades utilizando o conceito de básico/não-básico.

A abordagem anteriormente comentada, em que pesem as críticas sobre a natureza dos dados disponíveis, os conceitos e as técnicas estatísticas empregadas, bem como a falta de objetivos geográficos definidos, como aponta Smith, coloca em evidência a divisão territorial do trabalho no âmbito da rede urbana. Pode assim suscitar numerosos questionamentos, incitando novas pesquisas, deixando assim de se produzirem classificações como um fim em si mesmas.

Como afirma Capel, a partir das classificações funcionais de cidades, passa-se à pesquisa das dimensões básicas de variação dos sistemas urbanos. Assim, Nelson comparou "sistematicamente as características demográficas e sociais entre cidades com distintas especializações funcionais", considerando o ritmo de crescimento da população, a estrutura etária, a escolaridade, a proporção de homens e mulheres na população ativa, as taxas de desemprego e a renda *per capita*.

Mas é com o estudo de Moser e Scott, de 1961, citado por Capel, que se inicia a procura sistemática das dimensões básicas de variação dos sistemas urbanos. O emprego de técnicas estatísticas acha-se mais difundido: a análise fatorial é a mais importante delas, reduzindo um número muito grande de variáveis econômicas, demográficas e sociais, tanto relativas ao presente como a um dado período de tempo, a um número pequeno de dimensões básicas ou fatores: em cada um deles, cada cidade apresenta um score que é a sua posição ao longo dessa linha de variação.

Numerosos estudos relativos a diversos países foram realizados: Estados Unidos, Canadá, Índia e União Soviética, entre outros. Visavam estes estudos descobrir, empiricamente, as dimensões básicas de variação de um dado sistema urbano, sua estabilidade ao longo do tempo e a existência de dimensões universais de variação. Entre as diferentes dimensões básicas descobertas, estão aquelas referentes a tamanho, especialização funcional, características sociais e crescimento demográfico.

Mas que critérios nortearam a seleção de variáveis? Em alguns casos, um conjunto muito grande de variáveis, sem nenhuma base teórica explícita, foi considerado. Em outros, procurou-se ver as relações com o processo de desenvolvimento nacional ou regional, a partir de alguns indicadores julgados pertinentes e à luz de um dado corpo teórico: o modelo centro/periferia de John Friedmann foi, então, muito adotado como referencial teórico. Implícita, nestes estudos, estava a concepção da cidade como centro difusor do desenvolvimento. Os estudos de Faissol sobre o sistema urbano brasileiro são excelentes exemplos da adoção desta última abordagem. É o caso também do estudo de Lima e Corrêa relativo às cidades do Sudeste brasileiro.

Já o estudo de Fredrich e Davidovich está baseado em três dimensões de variação do sistema urbano: estrutura socioeconômica, ritmos de crescimento e formas de concentração espacial urbana. Ao considerar o sistema urbano como expressão territorial da divisão social do trabalho, constitui uma recente e pouco usual interpretação a respeito do assunto.

A terceira via de abordagem considera a rede urbana como um todo, sem analisar ou classificar cada uma de suas cidades, como ocorre nas abordagens anteriores. Contudo, ao tratar do tema do desenvolvimento nacional, aproxima-se da última das abordagens indicadas.

A literatura sobre as relações entre tamanho da população urbana e desenvolvimento evidencia a existência de uma dupla polêmica entre os interessados no assunto. A primeira envolve, de um lado, o conceito da primazia urbana, formulado, em 1939, por Jefferson e, de outro, a regra da ordem-tamanho da cidade, de Zipf. A segunda polêmica envolve, por sua vez, a discussão entre os "modernistas" e "tradicionalistas", conforme refere Berry.

A primazia urbana diz respeito à importância desmesurada da principal cidade do país, a qual é pelo menos duas vezes maior que a segunda. Esta macrocefalia da rede urbana foi vista como sendo correlata com o subdesenvolvimento. Ao contrário, a distribuição do tamanho de acordo com a regra da ordem-tamanho (a maior cidade teria um tamanho igual a 1, a segunda 1/2, a terceira 1/3 e a cidade de ordem *n* um tamanho igual a 1/*n*) foi considerada como sendo uma expressão do desenvolvimento nacional, traduzindo o equilíbrio entre forças indutoras de um crescimento difuso por toda a rede urbana e forças indutoras de um crescimento concentrado na principal cidade.

Os "modernistas" acenam com a idéia, apoiada na história dos países desenvolvidos, de que o processo de desenvolvimento irá, naturalmente, corrigir a primazia, instaurando uma rede urbana estruturada de acordo com o modelo de Zipf. Os "tradicionalistas", por sua vez, falam da necessidade de um poderoso processo de planejamento capaz de fazer emergir uma outra rede urbana, caracterizada pela não-macrocefalia e suas implicações econômicas e sociais.

A temática em pauta recebeu contribuições fundamentais com os estudos de Linsky e Rose, o primeiro indicando em que condições efetivas emerge uma rede urbana caracterizada pela primazia, e o segundo ao considerar países com história colonial, falando das condições em que há uma estabilidade da primazia urbana.

Esta abordagem está presente no âmbito do planejamento em sua dimensão espacial: o vigor com que o tema é privilegiado configura fases de prestígio ou crise do sistema de planejamento.

Os estudos dedicados à hierarquia urbana são os mais tradicionais e numerosos entre aqueles sobre redes urbanas. Originários do questionamento a respeito do número, tamanho e distribuição das cidades, portanto procurando compreender a natureza da rede, têm na teoria das localidades centrais, formulada, em 1933, por Christaller, a sua mais fértil base teórica. A partir da distribuição de bens e serviços das localidades centrais para as suas hinterlândias, verifica-se uma diferenciação hierárquica entre elas, envolvendo o número, o tamanho das localidades e de suas hinterlândias e a distância entre elas. Expressões como metrópole regional, capital regional, centro de zona e centro local, utilizadas nos estudos em pauta, refletem a natureza hierárquica dos centros da rede urbana.

Os estudos sobre hierarquia urbana colocaram em evidência, simultaneamente, uma série de regularidades empíricas e de características diferenciadoras das redes urbanas. A existência de uma hierarquia urbana em qualquer organização socioespacial estruturada por mecanismos de mercado é a principal regularidade verificada. Mas as diversas formas que essa hierarquia assume constituem a mais importante característica diferenciadora encontrada.

Em relação aos países subdesenvolvidos, verificou-se a existência de redes dendríticas, caracterizadas, entre outros aspectos, pela presença de uma cidade primaz excentricamente localizada; essa rede dendrítica constitui-se em um meio através do qual a hinterlândia da cidade primaz é drenada em seus diversos recursos, estabelecendo-se uma dependência externa. Sobre o assunto, consulte-se Johnson. Foi verificada também a existência de redes urbanas caracterizadas, em seus níveis hierárquicos inferiores, por mercados periódicos, de funcionamento não-cotidiano. O desdobramento da rede urbana em dois circuitos econômicos é outra descoberta evidenciando uma outra dimensão, tanto funcional como espacial do subdesenvolvimento. Neste sentido, são notáveis as contribuições de Skinner, Stine e Santos.

Os estudos sobre a hierarquia das cidades brasileiras são numerosos e relativamente antigos, conforme indica Corrêa. Merece menção, pela abrangência, o de Geiger sobre a evolução da rede urbana nacional. Importantes também são aqueles realizados pelo IBGE relativos à hierarquia e área de influência das cidades brasileiras.

Convém apontar, finalmente, que os estudos sobre hierarquia urbana tiveram o mérito de induzir o desenvolvimento de um rico aparato operacional que enriqueceu não apenas o conhecimento das redes urbanas em geral, mas de toda a Geografia Humana.

Ao contrário das abordagens anteriores, o estudo das relações cidade/região têm suas raízes e prática sobretudo entre os geógrafos europeus, particularmente os franceses. Este tema constitui-se, na realidade, em uma transformação da clássica temática cidade/campo, para a qual as contribuições de Marx e Engels e de Gordon Childe foram seminais. Com a formação de redes urbanas nacionais e regionais, as relações sociais e econômicas espacializadas são controladas por uma cidade dominante que atua sobre uma relativamente vasta hinterlândia, constituída por cidades menores e, em muitos casos, por áreas rurais diferenciadas em termos de estruturas e paisagens agrárias.

O tema em pauta é muito abrangente, envolvendo uma ampla gama de questões, algumas das quais consideradas nas abordagens anteriores, como as funções urbanas, as características sociais dos habitantes, o tamanho e a hierarquia urbana. Os trabalhos de Kayser e o de Dugrand são excelentes exemplos de estudos dentro desta temática. Pierre George, por sua vez, sintetiza o conjunto das relações cidade/região, as quais vão se verificar via rede urbana, indicando as seguintes relações: a atração da população rural pela cidade, a drenagem urbana da renda fundiária, a comercialização da produção agrícola, os investimentos e a criação de trabalho pela cidade e a distribuição de bens e serviços.

Em relação ao Brasil, o trabalho de Corrêa, apoiado em George e Dugrand, constitui-se em uma proposta que foi parcialmente efetivada na pesquisa sobre o sudoeste paranaense. O estudo de Ferrari, por sua vez, contribui criticamente para a questão das relações cidade/região.

Os trabalhos realizados segundo esta abordagem enfatizam as mudanças ocorridas na organização socioespacial da região estudada. Estas mudanças, por sua vez, afetam as relações cidade/região, alterando desigualmente a intensidade e o significado das relações: deste modo, alteram a natureza da rede urbana. Os resultados obtidos a partir de diferentes estudos, por sua vez, mostram que, alternativamente, a cidade é um espelho de sua região, ou, ao contrário, a região é o resultado de uma ação motora da burguesia urbana. Exemplifica-se com os estudos de Lasserre sobre Libreville (Gabão) e Labasse sobre Lyon (França), respectivamente. Por outro lado, Juillard fala de uma tipologia de cidades a partir do padrão dominante de relações que mantêm com suas regiões: *villes rentières du sol*, *villes insulaires*, *villes urbanisantes*.

Muitos dos estudos realizados de acordo com esta abordagem podem ser caracterizados como situando-se dentro de uma linha crítica de análise da sociedade, como é o caso do trabalho de Dugrand. Neste sentido, são considerados extremamente relevantes para a proposição que se seguirá.

II — Natureza e Significado da Rede Urbana

As abordagens anteriormente identificadas são incapazes, ainda que em graus diversos, de revelar a natureza e o significado da rede urbana. Algumas delas descrevem um ou vários de seus aspectos, enquanto outras tratam a sua principal cidade como se fosse dotada de autonomia, capaz de produzir ou difundir mudanças sociais. Outra abordagem, a das relações cidade/região, apesar das enormes potencialidades que apresenta, não tem sido capaz, na prática, de revelar a natureza e o significado da rede urbana.

A partir da avaliação da prática dos geógrafos, mas também considerando a contribuição de não-geógrafos, se procederá a um esforço que contribua para identificar a natureza e o significado da rede urbana. Com certeza, não esgotaremos a questão, mas esperamos clarificar alguns pontos que são particularmente pertinentes aos geógrafos.

Esta seção está dividida em quatro partes, que não se excluem mutuamente, representando apenas ângulos em que uma mesma questão pode ser abordada. Considera-se inicialmente a divisão territorial do trabalho. Em seguida, as relações entre a rede urbana e os ciclos de exploração, para depois tratar as relações entre rede urbana e forma espacial. Finalmente, será abordado o caráter mutável da rede urbana, apresentando-se alguns pontos básicos para a sua periodização. Somente então a nossa proposição de estudo será feita.

a) Rede urbana e divisão territorial do trabalho

A rede urbana é simultaneamente um reflexo *da* e uma condição *para* a divisão territorial do trabalho, historicamente a forma mais avançada na divisão social do trabalho. É um reflexo na medida em que, em razão de vantagens locacionais diferenciadas, verifica-se uma hierarquia urbana e uma especialização funcional caracterizadora, entre outros tipos, de cidades industriais, político-administrativas ou portuárias.

A rede urbana é também uma condição para a divisão territorial do trabalho. A cidade em suas origens constituiu-se não só em uma expressão da divisão entre trabalho manual e intelectual, mas também em um ponto no espaço geográfico que, através da apropriação de excedentes agrícolas, passou de certo modo a controlar a produção rural. Este papel de condição é mais tarde transmitido ampliadamente à rede urbana: sua gênese e evolução verificam-se na medida em que, de modo sincrônico, a divisão territorial do trabalho assumia progressivamente, a partir do século XVI, uma dimensão mundial, como apontam, entre outros, Lenin, Lampard e Hobsbawn.

É à primeira vista através das funções articuladas de suas cidades — bancos, comércio atacadista e varejista, indústrias e serviços de transporte, armazenagem, contabilidade, educação, saúde etc. — que a rede urbana é uma condição para a divisão territorial do trabalho. Através dela se tornam viáveis: a) a produção das diversas áreas agropastoris e de mineração, assim como sua própria produção industrial; b) a circulação entre elas e c) o consumo nelas. É via rede urbana que o mundo pode tornar-se, simultaneamente, desigual e integrado. Mas é efetivamente devido à ação de centros de capitais, às grandes metrópoles, cabeças nas de extensão mundial ou nacional, qu ritorial do trabalho aparece condicionada pela rede urbana. Através dela, decisões, investimentos e inovações circulam descendentemente, criando e transformando, constante e desigualmente — de acordo com uma dinâmica interna ao capitalismo —, atividades e cidades.

A rede urbana é um reflexo, na realidade, dos efeitos acumulados da prática de diferentes agentes sociais, sobretudo as grandes corporações multifuncionais e multilocalizadas que, efetivamente, introduzem, tanto na cidade como no campo, atividades que geram diferenciações entre os centros urbanos. Diferenciações que, por sua vez, condicionam novas ações. Neste sentido, é necessário que se compreenda a lógica da implantação das atividades no mais ou menos complexo mosaico de centros e hinterlândias em seus diferenciados papéis e pesos. Isto implica o desvendamento das motivações dos diversos agentes sociais, bem como o entendimento dos conflitos de interesses entre eles e suas aparentes soluções, tal como sugerido por Wolpert. Implica, ainda, colocar em evidência as práticas que viabilizaram a articulação entre os distintos centros urbanos e suas hinterlândias, bem como compreender a inércia que, pelo menos durante um certo tempo, cristaliza um determinado padrão espacial de funcionalidades urbanas.

Em relação aos países subdesenvolvidos, a rede urbana pode ser vista, em parte, como um conjunto de cidades no qual se verifica um papel de intermediação diferenciada de decisões geradas fora da rede urbana nacional. Em outras palavras, a rede urbana dos países subdesenvolvidos constitui-se, em grande parte, na extensão de uma ampla rede urbana com sede nos denominados países centrais. Neste sentido, a própria rede urbana é, através da função de intermediação, parte da divisão internacional do trabalho.

Mas há que se considerar, pelo menos em relação a alguns países ou regiões, a existência de uma relativa autonomia nacional ou regional: a divisão territorial do trabalho é parcialmente derivada de decisões e interesses internos, sediados nas metrópoles nacionais ou regionais e, em alguns casos, nas capitais regionais. Pensamos, assim, que se deva, ao se tratar das relações entre rede urbana e divisão territorial do trabalho, considerar em que medida uma rede urbana é efetivamente condição para a divisão territorial do trabalho ou uma rede de pura intermediação de decisões externas à rede.

É visando à descrição e à compreensão da divisão territorial do trabalho que se deve direcionar os estudos sobre a classificação funcional de cidades: a classificação não deve, assim, ser considerada um fim em si, mas um começo de pesquisa sobre uma dada rede urbana.

b) Rede urbana e os ciclos de exploração

O trabalho excedente é a fonte de criação do valor excedente (juros, rendas e lucros). O valor excedente apropriado e acumulado é, em parte, investido em novas atividades, tanto de localização urbana como rural, visando à geração de novos e ampliados valores excedentes. Isto implica sua circulação, que engendra fluxos de pessoas, bens e serviços, ordens, idéias e dinheiro.

A parte do valor excedente destinada à simples reposição dos meios de produção e ao consumo dos capitalistas, bem como a massa de salários pagos, que constitui o meio através do qual se verifica parte considerável da reprodução da força de trabalho, também entra na circulação. Implicam estes fluxos a criação, apropriação e circulação de novos valores excedentes.

A circulação, ao envolver a criação de novos e ampliados valores excedentes, faz-se necessariamente no âmbito de um amplo território em expansão ou submetido a um processo de intensificação das atividades ali localizadas. Este território caracteriza-se, por outro lado, por diferencialidades socialmente produzidas ou valorizadas, como os recursos naturais, especializações produtivas já estabelecidas, mercados de trabalho e de consumo diferenciados, infra-estrutura etc. que implicam a possibilidade de obtenção de excedentes sociais novos e ampliados.

Em razão de necessidades vinculadas à produção, circulação e consumo no âmbito do capitalismo — decisão, produção, concentração, beneficiamento, armazenamento, venda no varejo, consumo final e, ainda, tendo em vista o alcance espacial máximo e mínimo dos consumidores e empresas, localizados no amplo território —, torna-se necessária a existência de vários pontos interferindo no processo de circulação. Estes pontos são os centros urbanos. Parcela do valor excedente, ao circular, é apropriada nestes pontos e reinvestida, circulando de novo e gerando, assim, o aparecimento de novos fluxos. O conjunto de centros urbanos que participam da criação, apropriação e circulação do valor excedente é a rede urbana. A partir do trabalho de Harvey, afirma-se que a rede urbana é a forma espacial através da qual, no capitalismo, se dão a criação, apropriação e circulação do excedente.

Cada cidade da rede participa de algum modo e intensidade dos processos acima indicados: caso contrário, terá sua existência inviabilizada. Sua singularidade só se verifica em razão de sua inserção em uma parte específica do território submetido ao processo de criação, apropriação e circulação do valor excedente. E é conveniente apontar que uma classificação funcional de cidades não deve apenas descrever a divisão territorial do trabalho, mas também indicar que papéis cumpre cada cidade de uma dada rede urbana no processo de criação, apropriação e circulação do valor excedente.

O que foi sumariamente descrito acima pode ser dito de outro modo e ampliadamente, considerando-se a rede urbana a forma espacial que viabiliza a existência de ciclos de exploração, conforme mostram Bellido e Tamariti. Por outro lado, o que se segue constitui-se também em outra forma de apresentação do processo de realização do ciclo do capital, tal como Carlos expõe em seu trabalho "A cidade e a organização do espaço".

As relações entre cidade e campo tornaram-se no capitalismo relações entre cidade e região: a rede urbana em seu funcionamento traduz este relacionamento. Cidade e região estão integradas através de dois ciclos de exploração comandados pela cidade. No primeiro, a grande cidade, cabeça de rede urbana, extrai do campo força de trabalho, renda fundiária e produtos agrícolas, quer matérias-primas, quer produtos alimentares. No segundo, que realimenta o primeiro ciclo — trata-se, portanto, de um mesmo processo —, a cidade exporta para o campo capitais, novos usos da terra, força de trabalho, idéias e valores, e bens e serviços. Convém observar que estão se considerando as mesmas relações, ainda que através de uma leitura integrativa, daquelas apontadas por George e empiricamente verificadas, entre outros, por Dugrand.

As atividades capitalistas da cidade, entre elas especialmente as indústrias, necessitam de trabalhadores livres, que dispõem apenas de sua força de trabalho e nenhum ou muito pouco vínculo com o campo. Estes trabalhadores constituem a massa de onde será extraído o valor excedente, fonte de acumulação de capital. Assim, a cidade precisa drenar, via migração rural-urbana, uma parcela da população rural constituída por pequenos proprietários, rendeiros, meeiros, moradores de condição e assalariados.

As raízes desse processo migratório residem, como aponta Kautsky, na dissolução do artesanato rural pela manufatura urbana, transformando o camponês em um produtor agrícola, que vende mercadorias para comprar outras mercadorias, e no subseqüente endividamento do agricultor junto a comerciantes urbanos e aos bancos, levando em muitos casos à perda da propriedade e à dissolução da família camponesa em função da necessidade de produzir mais e mais para vender, tornando a propriedade rural incapaz de sustentar a família. Estabelece-se, assim, uma superpopulação relativa no campo, composta de excedentes demográficos que o mundo rural atual não mais absorve.

A migração rural-urbana realiza-se na direção daqueles centros urbanos onde a criação de atividades e empregos é mais efetiva. Esta migração pode fazer-se por etapas, de acordo com a hierarquia urbana.

A destruição da agricultura tradicional e o êxodo rural para a cidade, barateando o custo da força de trabalho, iniciam o primeiro ciclo de exploração do campo pela cidade. Simultaneamente, estão sendo criadas as condições para a existência de um mercado industrial: os camponeses que permaneceram no campo tornaram-se consumidores de produtos da indústria urbana.

A cidade é, em muitos casos, um local de consumo da renda fundiária rural. Através do absenteísmo dos grandes proprietários rurais, residentes na cidade, parcela ponderável do valor excedente produzido no campo é transferida para a cidade; os bairros luxuosos, lojas grã-finas, restaurantes e clubes de muitas cidades têm sua razão de ser em grande parte devido à drenagem de renda fundiária. O campo não é assim capitalizado, mas, sim, a cidade.

O investimento urbano na propriedade fundiária, considerada relativo a uma fase pré-capitalista, na realidade tem atraído capitais urbanos procedentes das mais diversas atividades, tal como mostra Dugrand para a região vitivinicultora do Bas-Languedoc, no Sul da França, como, também, o grande capital financeiro-industrial que passa a investir em terras e na agropecuária.

É de pensar que, em áreas de forte absenteísmo rural, a importância de cada cidade da rede urbana, em termos de captura da renda fundiária, seja proporcional ao seu papel como localidade central: maior o montante de renda fundiária capturada, maior o nível hierárquico da cidade, isto se devendo à importância da demanda da elite rural residente na cidade, gerando a oferta de bens e serviços que acabam se transformando em funções centrais.

A questão da drenagem da renda fundiária não tem sido muito considerada pelos cientistas sociais brasileiros. No entanto, parece ser mais importante do que se poderia supor, tendo poderoso efeito não apenas econômico como político. Neste sentido, o tema rede urbana e oligarquias rurais parece ser de extrema relevância para se compreender a organização socioespacial brasileira.

A cidade é também um centro de comercialização da produção agrícola. Seja uma cidade regional pequena ou grande, um porto exportador ou um centro industrial, para ela converge uma produção destinada ao abastecimento de sua população em produtos alimentares, à reexpedição para mercados extra-regionais ou às indústrias da cidade.

O processo de comercialização da produção agrícola é muito complexo, podendo traduzir-se em diversas formas: em todas elas, a cidade impõe ao campo um preço inferior aos praticados no meio urbano.

Uma das formas em que a comercialização se realiza é aquela na qual participam numerosos intermediários localizados em sucessivos centros urbanos, constituindo uma cadeia urbana de comercialização: o comerciante local, da pequena cidade, tem uma margem de lucro ao vender a produção ao comerciante ou à usina de beneficiamento localizada em um centro urbano maior; a revenda da produção ao industrial, exportador ou grande atacadista metropolitano, por sua vez, adiciona uma margem de lucro ao preço pago ao comerciante local. Nesta cadeia, o consumidor final, de localização urbana, paga um preço muito elevado se comparado àquele que o produtor rural, localizado no começo do processo de comercialização, recebeu do comerciante local. A cadeia de comercialização de produtos agrícolas se torna, assim, uma cadeia urbana de extração de lucros comerciais.

Completa-se, assim, o primeiro ciclo de exploração do campo pela cidade, um ciclo caracterizado pela extração citadina, via rede urbana, sobre o mundo rural. O segundo ciclo caracteriza-se por uma exportação da cidade para o campo, a qual serve para realimentar o primeiro ciclo. A exportação, na realidade, constitui-se em uma condição para a extração de excedentes diversos, mas de modo ampliado, tornando maior a acumulação de capital.

O segundo ciclo de exploração começa com o investimento de capitais, provenientes dos grandes centros de acumulação, no campo e nas pequenas cidades. Este investimento é feito, de um lado, diretamente pelas grandes empresas que implantam grandes "projetos" agropecuários ou industriais. De outro, grandes empresas industriais têm interesses na produção, participando do processo da difusão de um novo produto e do controle qualitativo e quantitativo da produção. No entanto, é através de instituição de assistência e extensão rural e do financiamento bancário que efetivamente se verifica a difusão de sementes, adubos, inseticidas, tratores, colheitadeiras etc.

A modernização da agricultura insere-se como parte integrante das relações cidade/região, produzindo vários efeitos sobre o mundo rural, envolvendo a rede urbana. Um deles é a drenagem, realizada pelas agências bancárias da pequena cidade, filiais dos grandes conglomerados financeiros metropolitanos. O financiamento da agricultura constitui-se em uma fonte de drenagem, via juros, de uma parcela da renda produzida no campo.

Outro desses efeitos é uma diminuição das necessidades de força de trabalho no campo, liberando novos excedentes rurais. O primeiro ciclo de exploração é assim realimentado. O processo migratório torna-se intenso, sendo direcionado para as áreas de fronteira agrícola ou para a periferia das grandes metrópoles, onde passa a engrossar um exército industrial de reserva já constituído. Parte do excedente demográfico, no entanto, passa a constituir-se em exército de reserva rural-urbano, residindo na periferia de pequenas e médias cidades da hinterlândia metropolitana. Constitui-se em uma força de trabalho temporária que, durante certas fases das atividades agrícolas, especialmente a safra, realiza migrações pendulares entre a cidade e áreas agrícolas. A cidade torna-se, então, local de concentração da força de trabalho agrícola.

É de hipotetizar que a importância relativa das cidades como locais de concentração da força de trabalho seja inversamente proporcional à sua dimensão funcional global: maior a sua importância como localidade central e outras funções tradicionais urbanas, menor o seu papel como reservatório de força de trabalho agrícola.

As pequenas cidades, e às vezes o próprio campo, transformam-se em locais de implantação de indústrias poluentes, que não podem, por força de interesses urbanos, permanecer na grande cidade. Ali são implantadas, também, indústrias ditas "descentralizadas" das metrópoles. Trata-se de estabelecimentos industriais dotados de economias internas de escala, que prescindem da presença próxima de outras indústrias e atividades de serviços. Localizam-se junto a uma força de trabalho mais barata; geralmente menos ativa politicamente, forma um mercado de trabalho cativo. Esta localização parece constituir-se em uma prática do capital industrial para reaver uma taxa de lucro, portanto valores excedentes, abalada por constantes investimentos fixos na grande cidade.

O mundo rural está preparado para o consumo de bens industriais e de serviços da cidade na medida em que tanto os meios de produção como os de consumo não são mais produzidos no campo e, em muitos casos, também, na pequena cidade. A difusão de um ideário urbano, capitalista, na realidade, que introduz novos valores e condiciona hábitos, ratifica e direciona a demanda de bens e serviços urbanos.

Inversamente à comercialização de produtos agrícolas, na qual o agricultor está no começo do circuito de comercialização, recebendo pouco pelo que produz, no consumo de produtos industriais encontra-se no final do circuito de comercialização, pagando muito pelos produtos que adquire. Assim, o industrial vende seu produto a um atacadista de uma cidade regional que, ao revendê-lo ao comerciante varejista da pequena cidade, adiciona uma margem de lucro sobre o preço pago; este último comerciante, por sua vez, adiciona a sua margem de lucro ao realizar a sua venda ao consumidor final, o homem do campo. Neste sentido, a rede de centros de distribuição, as localidades centrais, é, de fato, uma rede de drenagem de lucros. Trata-se, na verdade, do processo de realização do valor e do valor excedente, que é apropriado pela cidade. E esta apropriação verifica-se de modo mais intenso quando se trata de grandes cadeias de supermercados e lojas de departamentos sediadas na metrópole e com localização em numerosos centros da rede urbana.

A acumulação de diversos excedentes na grande cidade enseja novos investimentos de capital, reiniciando-se, assim, via rede urbana, os ciclos de exploração do campo pela cidade.

Um ponto deve agora ficar claro. Ao contrário do que afirmam os cientistas sociais vinculados aos interesses dominantes, as relações cidade/campo não se constituem em um mecanismo através do qual estabelece-se uma reciprocidade entre ambas: as relações não são simétricas, equilibradas. Trata-se de um relacionamento desigual, cunhado ao longo da história, e que erigiu a cidade como foco de acumulação e dominação. O papel da cidade como centro difusor de desenvolvimento deve ser visto, na realidade, como o de centro a partir do qual o modo de produção capitalista se propaga e, ao fazê-lo, aparenta perpetuar-se.

c) Rede urbana e forma espacial

A rede urbana é uma forma espacial, isto é, uma expressão fenomênica particular de processos sociais que se realizam em um amplo território envolvendo mediações diversas que se verificam nas cidades. Como forma espacial, seu conhecimento não pode prescindir daquele relativo à estrutura, ao processo e função e às articulações entre essas categorias de análise da totalidade social, como lembra Santos. De fato, é através da forma que uma função se realiza, no caso tratando-se de funções urbanas. Por sua vez, estas derivam dos processos que são o de criação, apropriação e circulação do valor excedente e que assumem características próprias à estrutura do capitalismo. Acreditamos que esta articulação tenha sido indicada, ainda que com outras palavras, na parte imediatamente anterior a esta.

Vejamos que formas espaciais a rede urbana pode assumir e qual o significado delas. Assume formas espaciais complexas e simples. No primeiro caso, as possibilidades são múltiplas; as redes simples, por sua vez, têm na rede dendrítica a sua melhor expressão.

As redes urbanas com formas complexas são aquelas caracterizadas pela existência, na hinterlândia de uma dada cidade regional importante, de diversos padrões locacionais de centros urbanos — confluência de rios, contato entre áreas de produção diferentes, localização portuária, junto a minas e fontes termais, em uma ampla, fértil e densamente povoada planície, em torno de um centro industrial antigo, originando, através do mecanismo de economias de aglomeração, uma concentração urbano-industrial etc.

Estes padrões locacionais diversos são o resultado de um longo e diversificado processo de criação e recriação de atividades produtivas que levou ao aparecimento, em numerosos pontos do território, de centros urbanos que realizam diferentes papéis em um multivariado processo de criação, apropriação e circulação do valor excedente: este território participa de modo variado na divisão territorial do trabalho, apresentando rede urbana caracterizada por uma complexa tipologia de centros urbanos, cada tipo dispondo de padrão locacional próprio. Assim, complexidade da forma espacial da rede urbana e sua complexidade funcional são correlatas.

A rede dendrítica é a forma espacial mais simples da rede urbana, especialmente nos países de passado colonial. Caracteriza-se pela presença de uma cidade primaz localizada excentricamente à hinterlândia, geralmente junto à embocadura de um rio navegável. Esta cidade antecede geneticamente a ocupação da área à retaguarda e a criação dos outros centros da rede, tornando-se a porta de entrada e saída da sua hinterlândia. Em sua forma mais simples, a rede dendrítica é orientada pela rede fluvial: os centros urbanos localizam-se junto ao rio principal, preferencialmente junto à foz de seus afluentes mais importantes.

Este tipo de rede tem uma história colonial e resulta da manutenção de um simples e monotônico processo de criação de atividades cujos principais produtos destinam-se aos mercados externos à região. Em outras palavras, a rede urbana dendrítica está vinculada a uma pouco diversificada participação na divisão territorial do trabalho, à qual se associa a produção de matérias-primas. A criação, apropriação e circulação do valor excedente implicam mediações e fluxos pouco complexos que culminam beneficiando a cidade primaz em detrimento de sua hinterlândia.

Deve-se considerar agora que no processo evolutivo da organização socioespacial de uma área caracterizada por rede urbana dendrítica esta pode ser transformada, tornando-se complexa tanto funcionalmente como em termos de sua forma espacial. Contudo, a forma dendrítica pretérita estará compondo, com maior ou menor peso, a complexa rede urbana que se constituiu.

A consideração acima nos encaminha para a questão do caráter mutável da rede urbana, mutabilidade que se traduz em periodização.

d) Rede urbana e periodização

A totalidade social é constituída pela combinação das instâncias econômica, jurídico-política e ideológica. Cada uma delas tem um tempo próprio de desenvolvimento, sua temporalidade caracterizando-se por uma relativa autonomia no bojo da totalidade social. Esta é, deste modo, uma combinação de temporalidades diferentes, definindo cada combinação um tempo histórico. A periodização, por sua vez, é uma operação intelectual que permite definir os tempos históricos nos quais em cada um deles o pesquisador torna visível e inteligível "a forma específica da existência da totalidade social". Em outras palavras, a periodização é a seqüência de "combinações desiguais" das diferentes instâncias da totalidade social. A respeito, consulte-se Althusser.

As três instâncias entrecruzam-se e completam-se de diferentes modos. Um deles adquire expressão fenomênica, a organização espacial. Por conter e estar contida nas três instâncias, a organização espacial constitui-se em uma dimensão da totalidade social. É por esta razão que a organização espacial pode ser periodizada, e não apenas ela globalmente, mas também a rede urbana ou uma determinada cidade.

A este propósito, Santos afirma que cada lugar, cada região apresenta uma realidade socioespacial que resulta de uma combinação singular de variáveis que datam de idades diferentes: é o que ele denomina tempo espacial próprio para cada lugar. O mesmo pode ser dito em relação à rede urbana de um país ou região quando se consideram seus numerosos segmentos: cada um possui seu tempo espacial. A periodização espacial pode ser vista então como a reconstrução do tempo espacial, isto é, a evidenciação dos momentos que caracterizaram o processo de elaboração da rede urbana, bem como das formas criadas em cada momento. Deste modo, pensa-se dar conta da dimensão genético-evolutiva da totalidade social de que nos fala Kosik.

As diferenças entre os tempos espaciais dos diversos segmentos de uma rede urbana podem ser muito grandes. Alguns segmentos incorporam vários momentos da história, enquanto outros podem ser muito recentes, incorporando apenas o presente. Ou seja, essas diferenças refletem os momentos históricos em que cada segmento foi gerado, sua inércia dinâmica ou o modo como manteve continuidade e permanece "vivo" no presente, expressando variáveis que têm significado e pesos específicos dentro da totalidade social. Em outras palavras, em termos espaciais a ação dos processos gerais não se dá em cada segmento da rede urbana, no mesmo tempo, do mesmo modo, nem com a mesma intensidade. A periodização verifica-se de modo espacialmente desigual.

A periodização pode, por outro lado, implicar períodos com duração diferente. Há períodos longos e curtos, caracterizando a periodização temporalmente desigual. Isto se deve à difusão desigual dos processos gerais: um segmento da rede urbana sofre o impacto de um dado processo quando este se encontra em sua fase final; ao contrário, podem existir condições que fazem com que outros processos tenham longa ocorrência no mesmo segmento da rede urbana ou em toda a sua extensão.

A Amazônia constitui-se em excelente exemplo: sua rede urbana foi periodizada de modo desigual, tanto em termos espaciais como temporais. Assim, à guisa de exemplificação, sob os efeitos da ação da Companhia Geral do Grão-Pará e Maranhão, o segmento urbano do vale do rio Negro foi um dos mais ativos da rede urbana regional. O mesmo se pode dizer da cidade de Cametá, no vale do baixo Tocantins. Ao contrário, o segmento da rede urbana localizado em Rondônia era então inexistente.

O curto período em que a mencionada companhia mercantil atuou, entre 1755 e 1778, por outro lado, foi um período de grandes repercussões na estruturação da rede urbana de toda a Amazônia. Foi mais importante que o longo período da estagnação que se sucede, que vai até o início da segunda metade do século XIX.

Um ponto fundamental aparece agora. Ao considerar a rede urbana objeto da periodização, é necessário que se considerem elementos de variação espaço-temporal aqueles elementos gerais pertinentes a uma rede urbana. Estes elementos reportam-se às materializações das instâncias da sociedade e, portanto, às instâncias econômica, jurídico-política e ideológica: a rede urbana é uma dessas materializações, conforme já se indicou.

Os elementos da rede urbana a serem considerados devem dar conta da gênese da rede urbana, da localização absoluta e relativa das cidades, da forma espacial das cidades e da rede, da paisagem urbana, das funções, dos agentes sociais envolvidos no processo produtivo e das relações entre eles, e das articulações externas à rede. Em outras palavras, estes elementos são os seguintes: a) a gênese dos núcleos urbanos; b) as funções que desempenham; c) a dependência a determinados produtos; d) o sítio urbano; e) a paisagem urbana; f) a ampliação do número de centros da rede; g) o padrão espacial da rede; h) o papel dos diferentes agentes sociais no processo produtivo; e i) as articulações com os espaços exteriores à rede em questão. Cada um desses elementos está relacionado aos demais.

Mas as relações entre os diversos elementos são complexas. A especificidade com que cada elemento se realiza em um dado período não é necessariamente a mesma nos períodos subseqüentes. Deste modo, a combinação dos mesmos elementos em períodos distintos pode ter significado diferente. Este é um ponto a ser observado na análise espaço-temporal de uma determinada rede urbana.

III — Uma Proposição de Estudo

A realidade é sempre mais rica que as nossas teorias. Neste sentido, o que foi apresentado na seção anterior constitui-se em uma simplificação que não dá conta da riqueza da realidade, isto é, das diferentes singularidades através das quais a totalidade social se manifesta. A proposição que se segue, fundamentada no que foi exposto anteriormente, e tentando recuperar a longa tradição geográfica dos estudos de redes urbanas, intenta contribuir para tornar possível uma maior compreensão da natureza e significado da rede urbana.

Primeiramente, convém relembrar o que se entende por rede urbana. É o conjunto de centros urbanos funcionalmente articulados entre si, conforme enunciado no início do presente trabalho. Mas acrescente-se que neste conjunto há um centro mais importante, de nível metropolitano nacional ou regional, que exerce um papel, maior ou menor de controle econômico e político sobre a sua hinterlândia. A metrópole e sua esfera de influência parecem constituir-se no nível espacial e funcional mais significativo para o entendimento da organização espacial. Considera-se, por outro lado, que a região subordinada a uma capital regional, um segmento espacial e funcional de dimensão imediatamente inferior à de hinterlândia metropolitana e nela contido, constitui-se no nível inferior em que os estudos de redes urbanas podem, com mais eficácia, contribuir para a compreensão da organização espacial: isto se deve ao fato de ainda haver ou ter havido algum grau de controle econômico e político por parte da elite localizada na capital regional.

O conjunto de centros urbanos funcionalmente articulados entre si, por outro lado, apresenta uma diferenciação entre suas cidades, a qual se traduz em uma hierarquia urbana de acordo com os princípios gerais da teoria das localidades centrais e, mas não necessariamente, de acordo com uma especialização funcional. Assim, uma capital regional, isto é, uma localidade central, pode ser apenas uma capital regional, enquanto outra pode acumular ainda a função portuária ou se constituir em um centro monoindustrial têxtil. Um centro siderúrgico, por sua vez, sempre desempenha uma função central, ainda que esta possa ser espacialmente reduzida. Em outras palavras, hierarquização e especialização não se excluem; a segunda apenas torna mais complexa a rede urbana.

A rede urbana, por outro lado, pode caracterizar-se por diferentes formas espaciais de suas unidades funcionais: área metropolitana, isto é, uma metrópole e suas cidades-dormitórios e núcleos especializados fisicamente interligados; aglomeração urbana pela geminação de duas ou mais cidades de mesmo porte ou como miniatura de uma área metropolitana; cidade-dispersa, constituída por um conjunto de cidades muito próximas uma das outras e dotado de funções especializadas e complementares entre si, caracterizando um desdobramento espacial de funções urbanas; cidades médias e pequenas e minúsculos locais em torno de um ou dois estabelecimentos comerciais e de serviços. A presença de todas estas formas indica a complexidade funcional da rede urbana.

O conjunto funcionalmente articulado de centros hierarquizados e especializados, e suas diferentes manifestações em termos de formas de suas unidades, constitui-se, como já foi referido, na estrutura territorial onde se dá a criação, apropriação e circulação do valor excedente.

A compreensão da singularidade de cada uma das redes urbanas nacionais ou regionais no processo de criação, apropriação e circulação do valor excedente deve ser o objetivo dos estudos de casos. Pois um estudo de caso não é senão o estudo de uma singularidade enquanto especificação da totalidade social e uma fonte para a compreensão desta mesma totalidade social. Não deve ser, assim, uma apologia desenvolvimentista que autonomiza a cidade, conferindo-lhe o papel de transformadora da sociedade. Também não deve ser objetivo, agora no início do século, constatar se a cidade cabeça da rede urbana é "parasita" ou "geradora" de sua hinterlândia, nem constatar seu papel como intermediária em uma cadeia de dependência externa e ponto de partida para o colonialismo interno, porque isto pressupõe a aceitação do reverso da medalha, isto é, a aceitação do papel do planejamento capitalista em criar pólos de desenvolvimento nacional ou regional. Consulte-se, entre outros, Hoselitz e Conroy. Uma alternativa que nos parece válida, mas que não será considerada na presente proposta, é a de estabelecer as conexões entre rede urbana e o movimento operário, tal como Moreira procura fazer.

A proposta que se segue será primeiramente apresentada em seus termos mais gerais e, em seguida, especificada em termos mais operacionais. Mas em ambos os casos trata-se de duas seqüências temáticas que explicitam o modo como é possível apreender-se a realidade e não necessariamente de seqüências relativas à apresentação de um trabalho em sua forma final; trata-se, pois, de planos de apreensão da realidade e não de um plano de exposição que pode ter várias formas e, preferencialmente, deve iniciar-se pelo presente.

Primeiramente, é necessário que se apreenda a gênese da rede urbana, considerando para isto:

— as condições externas e internas da criação, apropriação e circulação do excedente, e o aparecimento das primeiras cidades da região em estudo;
— o papel dos diferentes agentes que participaram do processo de criação urbana;
— o processo de articulação intra e inter-regional;
— a forma inicial da rede urbana e sua funcionalidade.

Em segundo lugar, é importante que a dinâmica social e sua tradução na rede urbana sejam apreendidas. Consideram-se, então:

— as condições externas e internas das mudanças na criação, apropriação e circulação do excedente;

— o papel dos antigos e novos agentes na dinâmica da rede urbana e os possíveis conflitos entre eles;
— a dinâmica do processo de articulação intra e inter-regional;
— a mudança e permanência das formas espaciais da rede urbana e as novas funcionalidades.

É necessário, finalmente, que se considere a rede urbana atual, ou seja, o processo de mudança em marcha. Neste sentido, devem ser considerados:

— o processo atual de criação, apropriação e circulação do excedente e seu significado;
— o papel dos diversos agentes sociais atuando no sentido de fazer valer seus interesses e, deste modo, interferir na rede urbana;
— a forma espacial da rede urbana, os tipos de centros e a funcionalidade presente da rede.

A proposição geral que se apresentou pode agora ser especificada em termos mais operacionais. Indica-se, então, um conjunto de relações cidade/região, bem como um temário para investigação; ambos já foram, em sua maior parte, indicados e devem ser considerados em termos de gênese, evolução e do presente. Por outro lado, o maior ou menor aprofundamento de cada tema deve resultar dos questionamentos em relação à realidade de cada uma das áreas a serem estudadas:

a) atração da população rural pela cidade

Trata-se de considerar a migração como parte do primeiro e segundo ciclos de exploração do campo pela cidade, os quais se relacionam à modernização do mundo rural, ao mesmo tempo em que criam as cidades ou nelas implantam uma força de trabalho tanto para as atividades urbanas como agrícolas. O temário para investigação é o seguinte:

— lugar de origem dos migrantes;
— época e causas do movimento migratório;
— as formas e etapas da migração;
— as conseqüências da atração urbana nas zonas de emigração;
— as atividades dos migrantes na cidade e o seu significado.

b) a drenagem urbana da renda fundiária

A transferência da renda fundiária pelos proprietários rurais para a cidade insere-se no primeiro ciclo de exploração do campo pela cidade. Sugere-se que sejam considerados os seguintes temas:

— a importância da propriedade fundiária citadina envolvendo o número, área ocupada e localização;
— a estrutura interna da propriedade citadina, isto é, os tipos sociais de proprietários, os tipos de propriedades e o uso da terra;

— o papel dos proprietários rurais citadinos na organização econômica e política regional e as conseqüências advindas.

c) a comercialização da produção agrícola

Parte integrante do primeiro ciclo de exploração urbana, na comercialização da produção agrícola devem-se conhecer:

— os mecanismos de comercialização e seu significado;
— a estrutura das empresas de comercialização;
— os tipos de centros de comercialização.

d) os investimentos e a criação de trabalho pela cidade

Este relacionamento insere-se no segundo ciclo de exploração urbana, envolvendo tanto o campo como as pequenas cidades. Considera-se importante que sejam analisados os seguintes temas:

— os investimentos realizados pelas cidades, incluindo a natureza, distribuição espacial e os tipos de investidores;
— as conseqüências desses investimentos na organização do espaço regional, incluindo a rede urbana.

e) as relações interindustriais

Sugere-se que em face destes relacionamentos, que em algumas regiões podem assumir enorme importância, considere-se o seguinte:

— a gênese do empresariado e da atividade industrial;
— as relações espaciais intra e inter-regionais;
— os tipos de centros industriais.

f) a distribuição de bens e serviços

Parte integrante do segundo ciclo de exploração, a distribuição varejista e atacadista de produtos industriais e a prestação de serviços podem ser analisadas através de:

— tipos de transações comerciais e seu significado;
— tipos de serviços e suas relações com as atividades produtivas e o consumo;
— estrutura das empresas comerciais e de serviços;
— tipos de centros de distribuição: hierarquia, especialização e área de influência.

Finalmente, a proposição inclui um conjunto de áreas para estudo. São indicadas com base nas características internas de cada uma em termos de época e processo distintos de valorização econômica. Admite-se que expressam, através de suas redes urbanas, diferentes padrões de participação no processo de criação, apropriação e circulação do valor excedente. Cada uma dessas áreas tem uma metrópole regional que, de certo modo, exerce um papel de controle da vida econômica e política regional. Alternativamente, a proposta inclui ainda a indicação de áreas de influência de algumas capitais regionais, as quais constituem alternativas de menor amplitude em termos da compreensão da espacialidade do processo de criação, apropriação e circulação do valor excedente.

O estudo realizado por Singer refere-se às relações entre desenvolvimento econômico e evolução urbana das metrópoles de São Paulo, Porto Alegre, Belo Horizonte e Recife, e de uma capital regional, Blumenau. Aborda vários temas da presente proposta, ainda que nem um, nem outra possa ser considerado estado de redes urbanas. Apenas por medida econômica, as regiões de influência dos mencionados centros urbanos não serão indicadas nesta proposição.

Em termos de regiões de influência metropolitana, sugere-se que sejam estudadas as seguintes:

a) a região de Belém

Trata-se de uma região que tem passado por enormes transformações recentes, envolvendo revalorização econômica e afluxo migratório considerável, que tem afetado a rede urbana regional, seja em termos de perda de território, em razão da ascensão de Manaus ao papel de metrópole regional da Amazônia Ocidental, seja em termos da criação de novas funções e centros urbanos, os quais se verificam no bojo de uma redefinição da divisão territorial do trabalho.

b) a região de Curitiba

Ao contrário de Belém, a cidade de Curitiba desempenha muito recentemente o papel de centro metropolitano. Este papel está associado à valorização do território paranaense, até recentemente caracterizado por uma modesta e embrionária rede urbana. A ascensão de Curitiba à função metropolitana significa o aparecimento de um novo e importante centro com ativo papel no processo de criação, apropriação e circulação do valor excedente, o qual se verifica espacialmente em detrimento de centros metropolitanos mais antigos, como Porto Alegre.

c) a região de Goiânia

Goiânia, criada em 1937, é uma metrópole também recente, resultado do processo de transformação do Centro-Oeste, processo que ainda se verifica durante a década de 1980, envolvendo a criação e redefinição de centros urbanos e suas funções, bem como a ampliação territorial de sua hinterlândia.

d) a região de Fortaleza

Cidade nordestina também de ascensão recente à categoria metropolitana, estende a sua influência por todo o território cearense e pela maior parte dos territórios piauiense e maranhense. Sua hinterlândia constitui-se em tradicional produtora de matérias-primas para mercados externos, apresentando geralmente menor dinamismo que o das hinterlândias das três metrópoles anteriormente indicadas. Sua rede urbana é relativamente antiga e, de certo modo, marcada pela poderosa concentração econômica da metrópole, o principal porto regional.

Além das quatro regiões de influência metropolitana, indicam-se algumas capitais regionais e suas redes urbanas que, pelas especificidades da participação na criação, apropriação e circulação do valor excedente, são relevantes para a compreensão da natureza e do significado da rede urbana brasileira em suas diferentes singularidades regionais. Muito mais do que nas indicações das regiões de influência metropolitana, as que se seguem estão longe de esgotar as possibilidades de seleção:

— Caxias do Sul, Santa Maria, Passo Fundo, Joinville, Cascavel, Maringá, São José do Rio Preto, Campos, Governador Valadares, Dourados, Rondonópolis, Vitória da Conquista, Itabuna-Ilhéus, Caruaru, Patos, Crato-Juazeiro do Norte, Mossoró, Imperatriz, Santarém e Araguaína.

Bibliografia

ALEXANDER, J.W. El concepto básico-no básico de las funciones económicas urbanas. *Texto Básico* (Instituto Pan-Americano de Geografia e História). Rio de Janeiro, 2: 1-22, 1969.

ALTHUSSER, L. Os defeitos da economia clássica. Esboço do conceito de tempo histórico. *In:* BALIBAR, El e ESTABLET, R. (Orgs.) *Ler O Capital*, v. III, Rio de Janeiro, Zahar Editores, 1980, pp. 29-60.

BELLIDO, J.G. e TAMARITI, L.G. *Para comprender la ciudad;* claves sobre los procesos de producción del espacio. Madri, Editorial Cultura, 1979, 190 p.

BERRY, B.J.L. Tamanho das cidades e desenvolvimento econômico: síntese conceitual e problemas de política, com especial referência ao sul e sudeste da Ásia. *In:* FAISSOL, Speridião. (Coord.) *Urbanização e regionalização.* Rio de Janeiro, IBGE, 1975, pp. 49-95.

CAPEL, H. De las funciones urbanas a las dimensiones básicas de los sistemas urbanos. *Revista Geográfica,* Barcelona, *6*(2): 218-48, 1972.

CARLOS, A.F.A. A cidade e a organização do espaço. *Revista do Departamento de Geografia da Universidade de São Paulo,* São Paulo, *1*: 105-11, 1982.

CHRISTALLER, W. *Central places in southern Germany.* Englewood Cliffs, Prentice-Hall, Inc., 1966, 230 p.

CIDADE e região no sudoeste paranaense. *Revista Brasileira de Geografia,* Setor de Geografia Urbana, Rio de Janeiro, *32*(2): 3-156, 1970.

CONROY, M.E. Toward a policy-oriented theory of the economy of cities in Latin America. *In:* PORTES, A. e BROWNING, H.L. (Orgs.), *Current Perspectives in Latin American Research.* Austin, Institute of Latin American Studies, 1976, pp. 71-98.

CORRÊA, R.L. Os estudos de redes urbanas no Brasil. *Revista Brasileira de Geografia,* Rio de Janeiro, *29*(4): 93-116, 1967.

_________. Estudo das relações entre cidade e região. *Revista Brasileira de Geografia,* Rio de Janeiro, *31*(1): 43-56, 1969.

_________. Repensando a teoria das localidades centrais. *In:* SANTOS, Milton (Coord.), *Novos rumos da geografia brasileira.* São Paulo, HUCITEC, 1982, pp. 50-65.

_________. A periodização da rede urbana da Amazônia. Inédito.

DICKINSON, R.E. The scope and status of urban geography: an assessement. *In:* MAYER, Harold M. e KOHN, Clyde, F. (Orgs.) *Readings in urban geography.* Chicago, The University of Chicago Press, 1959, pp. 10-26.

DIVISÃO do Brasil em regiões funcionais urbanas. Rio de Janeiro, IBGE/DEGEO, 1972, 112 p.

DUGRAND, R. *Viles et Campagnes en Bas-Languedoc.* Paris, Presses Universitaires de France, 1963, 638 p.

FAISSOL, E. As grandes cidades brasileiras — dimensões básicas da diferenciação e relações com o desenvolvimento econômico: um estudo de análise fatorial. *Revista Brasileira de Geografia,* Rio de Janeiro, *32*(4): 87-130, 1970.

__________. A estrutura urbana brasileira: uma visão ampliada no contexto do processo brasileiro do desenvolvimento econômico. *Revista Brasileira de Geografia*, Rio de Janeiro, *34*(3): 19-123, 1972.

FERRARI, O.F. *A organização espacial do agreste e do sertão de Alagoas: a redefinição dos centros urbanos*. Dissertação de Mestrado, Universidade Federal do Rio de Janeiro, 1985.

FREDRICH, O.M.B.L. e DAVIDOVICH, F. A configuração espacial do sistema urbano brasileiro como expressão no território da divisão social do trabalho. *Revista Brasileira de Geografia*, Rio de Janeiro, *44*(4): 541-90, 1982.

GEIGER, P.P. *Evolução da rede urbana brasileira*. Rio de Janeiro, Centro Brasileiro de Pesquisas Educacionais, 1962, 462 p.

GEORGE, P. *Précis de geographie urbaine*. Paris, Presses Universitaires de France, 1964, 287 p.

GORDON CHILDE, V. The urban revolution. *In:* WALTON, J. e CARNS, D.E. (Orgs.), *Cities in changer: studies on the urban condition*. Boston, Allyn and Bacon, Inc., 1974, pp. 13-22.

HARRIS, C.D. Classification of cities in the United States. *In:* MAYER, Harold M. e KOHN, Clyde, F. (Orgs.) *Readings in urban geography*. Chicago, The University of Chicago Press, 1959, pp. 129-38.

HARVEY, D. *Social Justice and the City*. Londres, Edward Arnold, 1973, 336 p.

HOBSBAWN, E. *A era do capital: 1848-1870*. Rio de Janeiro, Paz e Terra, 1977, 373 p.

HOSELITZ, B.F. *Sociological aspects of economic growth*. Nova York, The Free Press, 1960, 240 p.

JEFFERSON, M. The law of primate city. *The Geographical Review*, Nova York, *29*(2): 226-32, 1939.

JOHNSON, E.A.J. *The organization of space in developing countries*. Cambridge, Harvard University Press, 1970, 452 p.

JUILLARD, E. L'urbanisation des campagnes en Europe occidentale. *Études Rurales*, Paris, *1*: 18-33, 1961.

KAUTSKY, K. *La questión agraria*. México, Siglo Veinteuno Editores S.A., 1974, 540 p.

KAYSER, B. *Campagnes et Villes de la Côte D'Azur*. Mônaco, Editions du Rocher, 1960, 593 p.

KOSIK, K. *Dialética do concreto*. Rio de Janeiro, Paz e Terra, 1969, 230 p.

LABASSE, J. *Les capitaux el la région*. Paris, Fondation Nationale des Sciences Politiques, 1958, 532 p.

LAMPARD, E. *The history of cities in the economically advanced areas*. Economic Development and Cultural Change. Chicago, *3*(2): 81-136, 1965.

LASSERRE, G. *Libreville, la ville et sa région*. Paris, Fondation Nationale des Sciences Politiques, 1958, 345 p.

LENIN, V.I. *El desarrollo del capitalismo en Rusia*. Barcelona, Editorial Ariel, 1974, 581 p.

LIMA, O.M.B. e CORRÊA, R.L. Sistema urbano. *In:* REGIÃO Sudeste, *Geografia do Brasil*, v. 3, Rio de Janeiro, IBGE, 1977, pp. 569-661.

LINSKY, A. Some generalizations concerning primate cities. *Annals of the Association of American Geographers*. Washington, *55*(3):506-13, 1965.

MAGNANINI, R.L.C. As cidades de Santa Catarina: base econômica e classificação funcional. *Revista Brasileira de Geografia*, Rio de Janeiro, *33*(1): 85-121, 1971.

MARX, K. e ENGELS, F. *L'ideologie allemande*, Tome premier. Paris, Éditions Sociales, 1977, 143 p.

MELLO, M.C.I. *O bóia-fria — acumulação e miséria*. Petrópolis, Vozes, 1975, 154 p.

MOREIRA, R. (Org.) A geografia serve para desvendar máscaras sociais. *In*: *Geografia: Teoria e Crítica*. Petrópolis, Editora Vozes Ltda., 1982, pp. 33-63.

MOREIRA, R. *O movimento operário e a questão cidade-campo no Brasil*. Petrópolis, Vozes, 1985, 215 p.

MOSER E SCOTT, 1961.

NELSON, M.J. A Service classification of cities in the United States. *In:* MAYER, Harold M. e KOHN, Clyde F. (Orgs.) *Readings in urban geography*. Chicago, The University of Chicago Press, 1959, pp. 139-60.

REGIÕES de influência urbana. Rio de Janeiro, IBGE. Inédito.

ROSE, A.J. Dissert from down under: metropolitan primacy as the normal state: *Pacific Viewpoint*, Wellington, *7*(1): 1-27, 1966.

SANTOS, M. *Por uma geografia nova*. São Paulo, HUCITEC, 1978, 236 p.

__________. *O espaço dividido — os dois circuitos da economia dos países subdesenvolvidos*. Rio de Janeiro, Livraria Francisco Alves Editora S.A., 1979, 345 p.

__________. Organização do espaço e organização social: o caso de Rondônia. *Boletim Carioca de Geografia*. Rio de Janeiro, *32*: 51-77, 1982.

_________. *Espaço e método*. São Paulo, Livraria Nobel S.A., 1985, 88 p.

SINGER, P. *Desenvolvimento econômico e evolução urbana*. São Paulo, Companhia Editora Nacional, 1968, 377 p.

SKINNER, W.G. Marketing and social structure in rural China. Part I. *Journal of Asian Studies*, Princeton, *24*(1): 3-43, 1964.

SMITH, R.H.T. Method and purpose in functional town classification. *Annals of the Association of American Geographers*, Washington, *55*(3): 539-48, 1965.

STINE, J.H. Temporal aspects of tertiary production elements in Korea. *In:* PITTS, F.R. (Org.) *Urban systems and economic development*, Eugene, University of Oregon, 1962, pp. 68-88.

ULLMAN, E. e DACEY, M.F. El método de las necessidades mínimas en el estudio de la base economica urbana. *Texto Básico* (Instituto Pan-Americano de Geografia e História), Rio de Janeiro, 2: 23-44, 1969.

WOLPERT, J. Departures from the usual environment in locational analysis. *Annals of the Association of American Geographers*. Washington, *60*(2): 220-29, 1970.

ZIPF, G.K. *Human behavior and the principle of least effort an introduction to human ecology*. Cambridge, Addison-Wesley Press, Inc., 1949, 573 p.

Segunda Parte

Gestão, Empresa e Rede Urbana

2. Concentração Bancária e os Centros de Gestão do Território*

O presente estudo constitui uma contribuição ao tema da gestão do território no Brasil, considerando a atividade bancária, muito pouco estudada pelos geógrafos, elemento de análise. Especificamente, intenta-se verificar a ampliação, redução ou eliminação do papel dos centros urbanos na gestão do território com base na concentração dos bancos comerciais que ocorreu no país, especialmente a partir da década de 1960.

Por gestão do território, entende-se, resumidamente, as ações exercidas pelos agentes sociais, privados e públicos, no sentido de apropriar-se de um território e controlar a sua organização socioespacial. Visam estas ações, em última instância, garantir a reprodução do sistema social do qual os agentes que dispõem de poder constituem os gestores do território.

Na sociedade capitalista atual, a gestão do território deriva em grande parte dos interesses das grandes corporações multifuncionais e multilocalizadas, entre elas aquelas do setor bancário. De fato, o processo de criação, apropriação e circulação do valor, fundamental, mas não

---

* Publicado originalmente na *Revista Brasileira de Geografia, 51* (2), 1989, pp. 17-32. Pequenas alterações foram feitas no texto original, incluindo uma breve nota atualizada.

exclusivo, para a organização do espaço capitalista, passa necessariamente pela atividade bancária, cuja magnitude, tanto em termos monetários como espaciais, é uma medida do grau de desenvolvimento das atividades capitalistas.

A atividade bancária, por outro lado, localiza-se nos centros urbanos: uma cidade aparece como local da sede social de bancos comerciais, de investimento, de companhias de arrendamento mercantil etc., enquanto outras, em regra menores, constituem locais onde estão as agências subordinadas à sede, as filiais.

O centro de decisão da atividade bancária exerce um papel de controle, maior ou menor, sobre as atividades econômicas das cidades subordinadas e de suas respectivas áreas de influência, tal qual mostraram, entre outros, Lenin (1979) e Labasse (1958). Este controle se dá através de diversos mecanismos. Um deles consiste na captura, por meio dos depósitos, de uma massa de recursos monetários oriundos da poupança. Outro advém dos diferentes tipos de empréstimos que os bancos realizam e os respectivos juros. Os investimentos diretos e a participação acionária em empresas constituem outros poderosos mecanismos através dos quais os bancos exercem um controle simultaneamente econômico e territorial. Finalmente, o desconto e a cobrança, vinculados às operações comerciais, bem como os serviços diversos que realizam, constituem outros mecanismos de controle sobre a criação, apropriação e circulação do valor em um dado território.

É mediante a atividade bancária, naquilo em que ela participa do processo de circulação, que também se viabilizam a divisão territorial do trabalho e a integração espacial de distintas unidades de área.

É em todos estes sentidos que o centro de decisão, local da sede social de uma instituição bancária, exerce um papel de foco da gestão do território.

I — Concentração/Dispersão dos Bancos e a Importância de São Paulo

A partir da década de 1940, verificou-se uma enorme expansão do sistema bancário. Processou-se de modo semelhante à seqüência histórica apontada por Fray (1975), isto é, inicialmente através da criação de numerosos pequenos bancos locais, muitos dos quais efêmeros, logo tendo sido absorvidos por outros e, posteriormente, pela criação de numerosas agências subordinadas aos bancos de maior porte.

A aceleração do desenvolvimento capitalista no Brasil constituiu o fator fundamental da expansão do sistema bancário. A inflação, por outro lado, acentua esta expansão. Segundo Goldsmith (1986) e, sobretudo, Passos (1973), entre 1945 e 1965 os bancos ampliaram seus lucros através da prática da taxa de juros dos tomadores de empréstimos maior que a taxa de inflação. Por outro lado, por falta de opções de investimento e visando "manter os ativos líquidos necessários às suas atividades" (Passos, 1973), as empresas e particulares aumentaram seus depósitos à vista. O aumento do volume dos depósitos, remunerados com taxas de juros inferiores às da inflação, suscitou a ampliação espacial do sistema bancário numa tentativa de captar o máximo de depósitos.

A expansão do sistema bancário, que ganha impulso a partir da reforma financeira de 1964-1967 (Goldsmith,

1986), se fez com base em um processo de concentração/dispersão, com a diminuição progressiva do número de bancos e o aumento, também progressivo, do número de agências. O Quadro 1 evidencia esta expansão.

Este processo de concentração/dispersão dos bancos foi acompanhado pela progressiva criação de redes nacionais de bancos comerciais, os quais são os núcleos de poderosos conglomerados financeiros. Assim, se em 1941 cada banco controlava, em média, 2,2 agências, em 1961 passava a controlar 15,7. Em 1971, após a reforma financeira da década anterior, eram 52,9 agências por banco e, em 1985, mais de 160.

De fato, desapareceram numerosos pequenos bancos locais que atuavam através de uma única localização, não possuindo nenhuma agência; subordinada. Na Pa-

QUADRO 1

EVOLUÇÃO DO NÚMERO DE SEDES E AGÊNCIAS DE BANCOS COMERCIAIS NO BRASIL — 1941-1985

ANOS	EVOLUÇÃO DO NÚMERO DE SEDES E AGÊNCIAS		
	Sedes	Agências	Agências/Sedes
1941	512	1.134	2,2
1952	408	2.619	6,4
1961	333	5.247	15,7
1971	145	7.679	52,9
1985	90	15.070	167,4

FONTES: Ministério da Fazenda; Movimento Bancário do Brasil, 1941, 1952 e 1971; Movimento Bancário do Brasil, segundo as Praças, 1961; Sistema Financeiro Nacional. Banco Central do Brasil, 1985.

raíba, por exemplo, havia, em 1941, um total de 42 sedes bancárias e apenas seis agências; em 1985, havia apenas um único banco, com sede em João Pessoa, que controlava mais de 30 agências no interior. Mesmo um estado como São Paulo, já com 303 agências, possuía 98 bancos, estabelecendo-se uma relação de 3,1 agências por banco. No Rio Grande do Sul, no entanto, havia 10,2 agências por banco para os 18 bancos ali sediados.

Ao desaparecimento dos pequenos bancos locais, emergem, primeiramente, bancos de atuação regional e, em seguida, à medida que a concentração prossegue, bancos atuando nacionalmente. Assim, em 1961, já havia alguns expressivos bancos regionais atuando no âmbito da área de influência de algumas metrópoles regionais, onde se situavam suas sedes sociais. Contudo, nenhum banco possuía mais de 500 agências, nem mesmo o Banco do Brasil S.A., o maior do país. Em 1985, havia vários grandes bancos de atuação nacional, com mais de 500 agências distribuídas por todo o país.

No bojo do processo da concentração bancária, a metrópole de São Paulo emerge como o mais importante centro de decisões financeiras do país: se em 1941 a cidade do Rio de Janeiro com suas 134 sedes de bancos era o principal centro financeiro do Brasil, em 1985 a metrópole paulista colocava-se em primeiro lugar, suplantando de muito a metrópole carioca. A proeminência de São Paulo deriva de fato de ela concentrar parcela considerável das sedes sociais das empresas financeiras brasileiras, entre elas as mais importantes. O Quadro 2 é, a este respeito, muito significativo.

A metrópole paulista é a sede dos dois maiores bancos comerciais privados brasileiros, núcleos de podero-

QUADRO 2

SEDES SOCIAIS DAS EMPRESAS DO SETOR FINANCEIRO – 1985

SETOR FINANCEIRO	NÚMERO DE SEDES SOCIAIS										
		Localização									
	Total	São Paulo	Rio de Janeiro	Belo Horizonte	Porto Alegre	Recife	Salvador	Curitiba	Fortaleza	Brasília	Outras cidades
Bancos Comerciais	90	29	8	6	6	4	3	2	7	2	23
Bancos de Investimentos	38	18	11	1	4	1	2	1	—	—	—
Sociedades de Crédito, Financiamento e Investimento	112	52	17	10	9	3	3	4	2	1	11
Sociedades de Arrendamento Mercantil	56	30	15	2	4	1	—	1	—	—	3
Sociedades Corretoras	267	73	55	19	20	13	13	20	10	2	42
Sociedades Distribuidoras	410	161	159	28	23	2	2	8	1	1	25
Bancos Comerciais com Capital Social Superior a 100 Bilhões de Cruzeiros	25	15	1	2	1	—	2	2	1	1	—
Bancos Comerciais com Capital Social Superior a 1 Trilhão de Cruzeiros	3	2	—	—	—	—	—	—	—	1	—

FONTES: Sistema Financeiro Nacional. Distribuição das Sedes e Dependências no País. Banco Central do Brasil, 1985, e Sistema Financeiro Nacional. Dados Estatísticos e Gerais, Banco Central do Brasil, 1985.

sos conglomerados financeiros, o Banco Brasileiro de Descontos S.A. — Bradesco — e o Banco Itaú S.A. Concentra, ainda, a sede de dois outros grandes bancos comerciais de âmbito nacional, a União de Bancos Brasileiros S.A. — Unibanco — e o Banco Real S.A.

São Paulo constitui, por outro lado, o principal foco de localização da sede de bancos que, apesar de juridicamente nacionais, são de fato bancos estrangeiros, desempenhando papel de importância crescente na vida econômica do país, conforme indica Baer (1986). Do total de 29 bancos comerciais sediados em São Paulo, cerca de um terço é, em realidade, de capital estrangeiro. São exemplos, entre outros, o Banco Francês e Brasileiro S.A. (Crédit Lyonnais), o Banco Multiplic S.A. (Lloyds Bank) e o Banco Mitsubishi Brasileiro S.A. (Grupo Mitsubishi).

Por outro lado, os bancos que oficialmente são considerados estrangeiros, e que por isso não foram incluídos no quadro em pauta, estão majoritariamente concentrados em São Paulo. Dos 19 bancos que atuam no país, 14 possuem "escritórios regionais" em São Paulo e cinco no Rio de Janeiro: as verdadeiras sedes, onde são tomadas as decisões mais importantes, localizam-se fora do país, nas grandes metrópoles internacionais, entre elas Londres, Paris e Tóquio. A mesma concentração verifica-se em relação aos representantes dos bancos estrangeiros: a metrópole paulista concentra 140 dos 223 representantes existentes em 1985, enquanto o Rio de Janeiro detém 81.

Neste sentido, a cidade de São Paulo desempenha, em realidade, um duplo papel na gestão do território nacional: de um lado, como centro efetivo de gestão e, de outro, como centro intermediário da gestão internacional. E é por este duplo papel que em São Paulo localizam-se poderosas firmas internacionais de auditoria de empresas, como se exemplifica com a filial da firma nova-iorquina Price Waterhouse, auditora de importantes bancos, como o Bradesco, Unibanco, Banco Mitsubishi e Banco Sudameris.

A concentração das atividades de gestão do setor financeiro está associada à importância da atuação espacial direta de São Paulo, isto é, ao número de agências controladas pelos bancos comerciais nela sediados. Do total de 15.070 agências existentes no país em 1985, a metrópole paulista controla 6.208, equivalentes a 41% do total, distribuídas por todo o território nacional: somente o Bradesco, Banco Itaú S.A., Unibanco e Banco Real S.A. controlam, juntos, cerca de 4.000 agências. Brasília, por sediar o Banco do Brasil S.A., o maior banco comercial do país, aparece em segundo lugar, com cerca de 3.000 agências controladas. A cidade do Rio de Janeiro, com 387 agências sob controle, situa-se em um modesto sétimo lugar, abaixo de Curitiba, Belo Horizonte, Salvador e Porto Alegre, cada uma controlando entre 750 e 1.250 agências.

O papel proeminente de São Paulo na gestão do setor financeiro apareceu, em realidade, no bojo do processo econômico que a erigiu na grande metrópole nacional.

Vejamos dois momentos deste processo, um relativo ao ano de 1961 e outro ao de 1985. O primeiro dos dois anos foi selecionado pelo fato de referir-se a um momento que antecede a reforma financeira de 1964-1967, que viabilizou, simultaneamente, o processo de concentração financeira, a "articulação mais estreita do Brasil com o sistema financeiro internacional" (Baer, 1986) e a hegemonia financeira de São Paulo. O segundo ano é considerado representativo do momento atual. Serão tomados como elementos analíticos a localização da sede dos bancos comerciais, o número e a localização de suas agências, tanto em 1961 como em 1985.

II — Os Centros de Gestão da Atividade Bancária em 1961

Em 1961, a gestão da atividade bancária estava dispersa por 77 centros urbanos que sediavam 333 bancos. A metrópole carioca controlava 101 empresas bancárias, sendo seguida pela cidade de São Paulo, com 74. Cinco outras cidades controlavam, cada uma, de nove a 14 bancos: Belo Horizonte, Porto Alegre, Salvador, Recife e Fortaleza. Com um número de bancos variando de dois a sete, havia 18 cidades. Cada um dos demais 52 centros controlava um único banco. O Quadro 3 especifica estas 77 cidades e o número de bancos que cada uma controlava.

A análise dos dados referentes ao número de bancos e à localização de suas sedes, bem como ao número de suas agências e às respectivas localizações, possibilita detectar, pelo menos, dois pontos básicos que contribuem para a compreensão da temática da gestão do território e de sua dinâmica. O primeiro refere-se ao caráter regional dos bancos e à conseqüente fraca integração nacional, espelhando a relativa pulverização no espaço brasileiro da função de gestão da atividade bancária. O segundo engloba dois aspectos, a saber: a importância relativa de Belo Horizonte como centro de gestão da atividade bancária e a fraqueza da cidade do Rio de Janeiro.

QUADRO 3
CIDADES CONTROLADORAS DA ATIVIDADE BANCÁRIA — 1961

Cidades	Nº. de sedes de bancos	Cidades	Nº. de sedes de bancos
TOTAL	**333**		
Rio de Janeiro	101	Pedra Azul	1
São Paulo	74	Poços de Caldas	1
Belo Horizonte	14	Sete Lagoas	1
Porto Alegre	10	Uberaba	1
Recife	9	Uberlândia	1
Salvador	9	Miraí	1
Fortaleza	9	Visconde do Rio Branco	1
Santos	7	Cachoeiro de Itapemirim	1
Aracaju	6	Iconha	1
Belém	5	Vitória	1
Niterói	5	Campos	1
São Luís	3	Cantagalo	1
Campina Grande	3	Cordeiro	1
João Pessoa	3	Teresópolis	1
Curitiba	3	Valença	1
Mossoró	2	Americana	1
Natal	2	Andradina	1
Juiz de Fora	2	Caconde	1
Campinas	2	Cravinhos	1
Ribeirão Preto	2	Dois Córregos	1
Monte Azul Paulista	2	Jaú	1
São Caetano do Sul	2	Marília	1
Castro	2	Matão	1
Goiânia	2	Mococa	1
Brasília	2	Presidente Prudente	1
Manaus	1	São Carlos	1
Parnaíba	1	São Joaquim da Barra	1
Teresina	1	Londrina	1
Crato	1	Nova Esperança	1
Juazeiro do Norte	1	Ponta Grossa	1
Sobral	1	Blumenau	1

Maceió	1	Florianópolis	1
Maruim	1	Itajaí	1
Ilhéus	1	Joinville	1
Itabuna	1	Santa Cruz do Sul	1
Araxá	1	Corumbá	1
Frutal	1	Anápolis	1
Governador Valadares	1	Catalão	1
Leopoldina	1		

FONTE: Ministério da Fazenda; Movimento Bancário do Brasil, segundo as Praças, 1960-1961 — SEEF.

a) Os bancos regionais: pulverização e fraca integração nacional

A pulverização do sistema bancário e de sua gestão associa-se à pequena dimensão dos bancos então existentes. Os grandes bancos comerciais existentes na década de 1980 estavam em processo de formação. Em realidade, mais de 40% dos bancos atuavam apenas através de suas sedes, não possuindo nenhuma agência, quer na cidade-sede, quer em sua hinterlândia. É de supor que a atuação espacial desses bancos fosse limitada, realizando-se por intermédio de representantes localizados na hinterlândia das cidades-sede.

À guisa de exemplificação, mais da metade dos bancos sediados no Rio de Janeiro e São Paulo atuavam apenas através de suas sedes, o mesmo ocorrendo com quatro dos cinco bancos de Belém, dois dos três de São Luís e a maior parte dos bancos de Fortaleza e Santos, bem como com os únicos bancos sediados em Parnaíba, Sobral, Crato, Itabuna, Governador Valadares, Frutal, Visconde do Rio Branco, Campos, Americana, Jaú, Presidente Prudente, Nova Esperança, Blumenau, Santa Cruz do Sul e Catalão, entre outros.

Convém apontar que o processo de concentração bancária, verificado sobretudo a partir do começo da década de 1970 (o Processo de... Conjuntura Econômica), iria eliminar esses e outros pequenos bancos, assim como alguns dos grandes então existentes. O Quadro 4, referente a esta questão, indica as cidades que, por terem visto seus bancos incorporados por outros, foram excluídas da gestão da atividade bancária, perdendo, assim, significativo papel na gestão do território.

Apesar da pulverização das sedes dos bancos, a sua distribuição relacionava-se, de certo modo, ao grau de desenvolvimento das atividades econômicas regionais e à importância dos centros urbanos. Assim, a Região Sudeste concentrava 242 bancos e 41 centros de gestão da atividade bancária, entre eles os três maiores, Rio de Janeiro, São Paulo e Belo Horizonte. Importantes capitais regionais, como Vitória, Juiz de Fora, Uberlândia, Campinas, Ribeirão Preto e Marília, desempenhavam a função de gestão da atividade bancária. O centro portuário de Santos e cidades como Poços de Caldas, Leopoldina, Sete Lagoas e Cantagalo apresentavam, também, importante papel como centros de gestão.

Com 55 empresas bancárias, sediadas em 18 cidades, o Nordeste tinha em Recife, Salvador e Fortaleza seus centros metropolitanos, os principais focos de gestão da atividade bancária. Seguiam-nos as capitais regionais de São Luís, Teresina, Crato, Juazeiro do Norte, Sobral, Mossoró, Natal, João Pessoa, Campina Grande, Maceió, Aracaju, Ilhéus e Itabuna, e dois outros centros, Parnaíba e Maruim. A Região Sul possuía 23 bancos e 11 centros. Porto Alegre, Curitiba, Ponta Grossa, Londrina, Blumenau, Florianópolis e Joinville estão entre os principais centros

QUADRO 4

CIDADES QUE POSSUÍAM SEDES DE BANCOS EM 1961 E QUE EM 1985 NÃO MAIS AS POSSUÍAM

REGIÕES	CIDADES SEGUNDO O NÚMERO DE SEDES DE BANCOS PERDIDAS				
	1	2	3	5	7
Norte	–	–	–	–	–
Nordeste	Parnaíba, Crato, Juazeiro do Norte, Sobral, Maruim, Ilhéus, Itabuna	–	Campina Grande	–	–
Sudeste	Pedra Azul, Governador Valadares, Miraí, Visconde do Rio Branco, Leopoldina, Poços de Caldas, Araxá, Uberaba, Uberlândia, Frutal, Cachoeiro de Itapemirim, Iconha, Campos, Cantagalo, Cordeiro, Teresópolis, Valença, Americana, São Carlos, Mococa, Cravinhos, Caconde, Matão, Andradina, São Joaquim da Barra, Dois Córregos, Jaú, Marília, Presidente Prudente	São Caetano do Sul, Campinas, Ribeirão Preto	Niterói –	Santos	
Sul	Londrina, Nova Esperança, Ponta Grossa, Blumenau, Itajaí, Joinville, Santa Cruz do Sul	Castro	–	–	–
Centro-Oeste	Corumbá, Catalão, Anápolis	–	–	–	–

FONTES: Ministério da Fazenda; Movimento Bancário do Brasil, segundo as Praças, 1960-1961 — SEEF. Sistema Financeiro Nacional. Distribuição das Sedes e Dependências no País. Banco Central do Brasil, 1985.

da região, desempenhando a função de gestão de pelo menos uma empresa bancária. Itajaí dispunha de um importante banco.

Belém e Manaus, de um lado, e Goiânia, Brasília e Anápolis, de outro, apareciam como os principais centros de gestão nas regiões Norte e Centro-Oeste, respectivamente, com seis e sete bancos.

A distribuição espacial das sedes dos bancos estava, por sua vez, correlacionada a outro aspecto fundamental. O sistema bancário caracterizava-se por ser constituído por bancos eminentemente regionais, isto é, que atuavam, sobretudo, na hinterlândia da cidade em que se localizava sua sede. Assim, um banco sediado em uma metrópole regional apresentava atuação que se restringia à hinterlândia metropolitana, ainda que, necessariamente, não recobrisse todo o território de influência metropolitana. Semelhantemente, um banco com sede em uma capital regional tinha sua atuação restrita à sua área de influência.

Deste modo, tanto em termos de localização como de atuação espacial, os bancos caracterizavam-se por ser regionais, o termo tendo significado que se aproxima daquele vinculado à teoria das localidades centrais. O Quadro 5 é, a este propósito, muito significativo.

Sua análise revela que em relação a Belém, Recife, São Paulo, Curitiba e Porto Alegre, mais de 75% das unidades bancárias (sede + agências) estavam localizadas na hinterlândia de cada uma das cidades: no caso de São Paulo, por exemplo, das 1.580 unidades bancárias controladas, 1.273 localizavam-se no território paulista, e a maioria das 179 paranaenses situava-se no norte do Paraná, área subordinada à metrópole paulistana. Salvador, Belo Horizonte e Rio de Janeiro apresentavam, por sua vez, mais de 50% de suas unidades bancárias localizadas em suas respectivas hinterlândias. No caso de Fortaleza, este percentual apenas ultrapassa os 40% em virtude de a capital cearense ser a sede do Banco do Nordeste S.A., um banco federal que atua em todo o Nordeste. Excluído este banco, o mais importante dos que estavam sediados em Fortaleza, os demais atuavam quase que exclusivamente no território cearense.

A atuação eminentemente regional dos bancos implicava uma fraca integração nacional. Assim, por exemplo, nas regiões Norte e Nordeste, a atuação dos bancos de São Paulo fazia-se por intermédio das agências situadas em Belém, Natal, Salvador e Recife, num total de apenas 13 agências. Os bancos cariocas atuavam por intermédio de 18 agências, localizadas em Manaus, Belém, Fortaleza, Recife, Aracaju e Salvador. A atuação das duas metrópoles do Sudeste fazia-se assim nas principais praças, locais de consumo e redistribuição de produtos importados.

Na Região Centro-Oeste, as cidades do Rio de Janeiro e São Paulo também atuavam fracamente, com sete e 24 agências, respectivamente, localizadas em especial em Brasília, Goiânia e Campo Grande. Na Região Sul, dotada de poderosa rede bancária sediada regionalmente, sobretudo em Porto Alegre, a metrópole carioca atuava por meio de apenas quatro agências, enquanto São Paulo o fazia por meio de 194, das quais a maioria no norte paranaense, duas em Santa Catarina (Joinville e Blumenau) e 13 no Rio Grande do Sul (Porto Alegre, Pelotas, Rio Grande e Passo Fundo).

QUADRO 5

CONTROLE DAS UNIDADES BANCÁRIAS PELOS CENTROS METROPOLITANOS E POR BRASÍLIA – 1961

UNIDADES DA FEDERAÇÃO	CONTROLE DAS UNIDADES BANCÁRIAS – Número e Localização das Sedes das Unidades Bancárias											
	Total	Belém	Fortaleza	Recife	Salvador	Belo Horizonte	Rio de Janeiro	São Paulo	Curitiba	Porto Alegre	Distrito Federal	Outras
TOTAL	5.580	51	57	65	222	1.039	478	1.580	149	500	473	966
Rondônia	5	2	–	–	–	1	–	–	–	–	2	–
Acre	8	5	–	–	–	1	–	–	–	–	2	–
Amazonas	15	7	–	–	–	2	1	–	–	–	2	3
Roraima	2	1	–	–	–	–	–	–	–	–	1	–
Pará	33	18	1	–	–	5	1	1	–	–	4	3
Amapá	3	1	–	–	–	1	–	–	–	–	1	–
Maranhão	15	5	–	–	–	2	–	–	–	–	5	3
Piauí	16	–	3	–	–	2	–	–	–	–	9	2
Ceará	51	1	22	1	–	6	1	–	–	–	15	5
Rio Grande do Norte	20	–	5	3	–	1	–	1	–	–	6	4
Paraíba	35	–	6	5	–	2	–	–	–	–	8	14
Pernambuco	93	–	6	40	6	13	5	7	–	–	11	5
Alagoas	23	–	3	3	3	3	–	–	–	–	6	5
Sergipe	24	–	3	–	1	1	1	–	–	–	6	12
Bahia	234	1	5	2	150	23	9	4	–	–	29	11
Minas Gerais	852	–	3	–	8	591	16	23	–	1	80	130
Espírito Santo	60	–	–	–	–	20	–	2	–	–	9	29
Rio de Janeiro	780	1	–	5	9	151	295	51	–	19	38	211
São Paulo	1.982	1	–	5	41	110	138	1.273	5	14	109	286
Paraná	515	–	–	–	2	25	1	179	140	14	25	129
Santa Catarina	132	–	–	–	–	6	–	2	4	33	19	68
Rio Grande do Sul	514	1	–	–	–	18	3	13	–	416	57	6
Mato Grosso do Sul	33	–	–	–	–	9	–	13	–	–	9	2
Mato Grosso	11	3	–	–	–	4	–	–	–	–	3	1
Goiás	79	3	–	–	–	31	1	4	–	–	14	26
Distrito Federal	45	1	–	1	2	11	6	7	–	3	3	11

FONTE: Ministério da Fazenda; Movimento Bancário do Brasil, segundo as Praças, 1960-1961 — SEEF.

Deste modo, as capitais regionais, situadas na hinterlândia das metrópoles regionais, eram, do ponto de vista bancário, efetivamente dependentes de bancos sediados em suas respectivas metrópoles: cidades como Caruaru, Feira de Santana, Divinópolis, Bauru e Caxias do Sul possuíam mais da metade de suas agências bancárias dependentes de decisões tomadas em Recife, Salvador, Belo Horizonte, São Paulo e Porto Alegre, respectivamente.

Era através do Banco do Brasil S.A., com sede recém-transferida do Rio de Janeiro para Brasília, a capital federal recém-instalada, que se verificava uma mais efetiva integração nacional: mesmo assim, por meio de um número de agências inferior a 500, distribuídas, ainda que desigualmente, por todo o território nacional. Secundariamente, a integração se fazia através dos bancos mineiros, sobretudo daqueles sediados em Belo Horizonte.

É no âmbito deste esquema que atuavam os pequenos e médios bancos, mesmo alguns de porte maior, sediados em capitais regionais e centros menores. A existência deles pode ser explicada, de um lado, pelo fato de não ter havido ainda uma total integração econômica da cidade-sede a um centro metropolitano, implicando isto a não-absorção de seu banco por outro sediado na metrópole. De outro lado, explica-se devido à existência de um processo de acumulação mercantil passado ou ao dinamismo atual da economia da hinterlândia da cidade-sede.

Entre os exemplos de expressivos bancos regionais, citam-se o Banco Industrial de Campina Grande S.A., o Banco Agrícola de Sete Lagoas S.A., o Banco Segurança

S.A. (Campinas), além dos importantes bancos de Juiz de Fora (Banco de Crédito Real de Minas Gerais S.A.) e de Itajaí (Banco Indústria e Comércio de Santa Catarina S.A.). A coluna relativa a Outras, no Quadro 5, contempla estas e outras cidades-sede e seus respectivos bancos: os estados da Paraíba, Sergipe, Minas Gerais, Espírito Santo, Rio de Janeiro, São Paulo, Paraná, Santa Catarina e Goiás possuíam um relativo número de cidades-sedes e bancos. O Quadro 6, a seguir, indica a área de atuação de alguns desses bancos de pequeno, médio e grande portes.

b) A importância relativa de Belo Horizonte e a fraqueza do Rio de Janeiro

A cidade de Belo Horizonte desfrutava de relativa importância no que se refere ao comando da atividade bancária. Suas 1.039 sedes e agências distribuíam-se, à exceção de Roraima, por todos os estados e territórios. Apresentava, assim, atuação espacial menos concentrada que a da metrópole paulista e semelhante à de Brasília, sede do Banco do Brasil S.A.

A atuação espacial de Belo Horizonte realizava-se, sobretudo, pela ação do Banco da Lavoura de Minas Gerais S.A., "o banco que conhece todo o Brasil", conforme dizia o slogan do banco (Ribeiro e Guimarães, 1967). Possuía 347 agências, sendo superado, neste aspecto, apenas pelo Banco do Brasil S.A. No que se refere ao montante de depósitos, situava-se, em 1963, em terceiro lugar, atrás do Banco do Brasil S.A. e do Banco do Estado de São Paulo S.A. — Banespa — (Passos, 1973). Era realmente o maior banco privado do país.

QUADRO 6
ÁREAS DE ATUAÇÃO DE BANCOS SELECIONADOS – 1961

BANCOS	MUNICÍPIOS-SEDE	ÁREAS DE ATUAÇÃO PRINCIPAL
Banco Industrial de Campina Grande S.A.	Campina Grande (PB)	Litoral, agreste e sertão paraibanos
Banco Mercantil do Nordeste S.A.	Aracaju (SE)	Litoral, agreste e baixo São Francisco, sertões sergipano e alagoano
Banco Agrícola de Sete Lagoas S.A.	Sete Lagoas (MG)	Área do cerrado, entre os rios das Velhas, Paraopeba e São Francisco
Banco de Crédito Agrícola do Espírito Santo S.A.	Vitória (ES)	Todo o território capixaba
Banco Agrícola de Cantagalo S.A.	Cantagalo (RJ)	Seção central do território fluminense: vale do Paraíba e Baixada
Banco Segurança S.A.	Campinas (SP)	Região imediata de Campinas: Vinhedo, Nova Odessa, Pedreira e Artur Nogueira, entre outras
Banco Comercial do Paraná S.A.	Ponta Grossa (PR)	Todo o território paranaense
Banco Indústria e Comércio de Santa Catarina S.A.	Itajaí (SC)	Todo o território catarinense
Banco Comercial do Estado de Goiás S.A.	Anápolis (GO)	Microrregião "Mato Grosso" de Goiás

FONTE: Ministério da Fazenda; Movimento Bancário do Brasil, segundo as Praças, 1960-1961 – SEEF.

Sua atuação fazia-se de dois modos. Nas regiões Norte, Nordeste, Sul e Centro-Oeste, onde detinha um número menor de agências, atuava através das principais localidades centrais de cada estado ou território: além das capitais, Belém, Fortaleza, Recife, Salvador, Curitiba, Porto Alegre, Goiânia e Brasília, onde tinha duas ou mais agências, sua atuação se fazia por meio de cidades como Parnaíba, Campina Grande, Caruaru, Arapiraca, Itabuna, Londrina, Joinville, Caxias do Sul, Campo Grande e Anápolis, entre outras. Desta maneira, mediante localizações seletivas, correspondentes aos principais pontos focais da circulação em geral, o banco em pauta controlava parcela da circulação de capitais da vasta hinterlândia do país. Neste sentido, constituía-se em um banco nacional.

Na Região Sudeste, a atuação do Banco da Lavoura de Minas Gerais S.A. fazia-se de modo mais intenso, incluindo, além das grandes e médias cidades, as pequenas localidades centrais voltadas para áreas rurais próximas. Nas grandes cidades, atuava não apenas nas respectivas áreas centrais, mas também nos subcentros comerciais intra-urbanos: possuía mais de 10 agências, tanto em Belo Horizonte como em São Paulo e no Rio de Janeiro. Estava presente em capitais regionais, como Juiz de Fora, Governador Valadares, Uberlândia, Montes Claros, Vitória, Campos, Bauru, Campinas, Ribeirão Preto e Presidente Prudente, como em numerosas cidades pequenas: Aiuruoca, Itambacuri, Pará de Minas e Serro, em Minas Gerais; Itaocara, no território fluminense; Batatais, Igarapava, São Manuel e Uchoa, em São Paulo, são alguns dos exemplos.

A atuação de Belo Horizonte fazia-se também, entre outros, através do Banco Mineiro da Produção S.A., do governo estadual, e do Banco Nacional de Minas Gerais S.A. O primeiro dispunha de 124 agências, localizadas sobretudo em território mineiro, enquanto o segundo possuía 119 agências, das quais 21 em importantes cidades, como Manaus, Belém, São Luís, Fortaleza, Recife, Maceió, Salvador, Curitiba, Porto Alegre, Goiânia e Brasília. Eram bancos predominantemente de ação regional, mas o segundo deles já esboçava uma atuação de caráter nacional.

A relativa importância da capital mineira opunha-se à fraqueza relativa da cidade do Rio de Janeiro. Apesar de concentrar 101 sedes de bancos, controlava apenas 377 agências, número inferior ao das agências controladas por São Paulo, Belo Horizonte e Porto Alegre. Apresentava, em média, menos de quatro agências por banco, bem inferior à média nacional, de 15,7. Seus bancos eram assim, em sua maioria, pequenos, cuja atuação direta fazia-se localmente, voltada para o mercado da metrópole. Mesmo bancos de porte médio, como o Banco Boa Vista S.A. e o Banco Andrade Arnaud S.A., só com 27 e 15 agências, respectivamente, atuavam na cidade do Rio de Janeiro, excluindo mesmo os municípios da região metropolitana.

Suas 377 agências distribuíam-se, eminentemente, pela Região Sudeste, tendo menos de 10% nas outras regiões do país: Manaus, Belém, Fortaleza, Recife, Aracaju, Salvador, Curitiba, Porto Alegre, Goiânia e Brasília, num padrão bastante seletivo, eram os centros onde extra-regionalmente atuavam os bancos cariocas. A atuação do Rio de Janeiro era, assim, francamente regional.

Uma análise mais acurada de sua atuação regional revela que ela concentrava-se especialmente na própria metrópole e no estado de São Paulo, com 287 e 138 agências, respectivamente. Inexpressiva era a sua atuação no interior fluminense — oito agências — e em Minas Gerais — 16 agências. Em relação ao território paulista, a metrópole carioca controlava 51 agências na cidade de São Paulo e 87 no interior. Sobressaíam as agências do Banco Novo Mundo S.A. e do Banco Português do Brasil S.A. Deste modo, os bancos cariocas localizavam-se preferencialmente em uma hinterlândia próspera e dinâmica, cuja economia estava centrada em uma atividade agrícola valorizada e na industrialização. E isto em detrimento da atuação em sua própria hinterlândia comercial — territórios fluminense, capixaba e porção oriental de Minas Gerais — onde atuavam bancos de Niterói, Vitória, Cantagalo, Valença, Leopoldina e, em maior escala, os de Belo Horizonte.

De fraca atuação como centro de gestão da atividade bancária, a cidade do Rio de Janeiro era, por outro lado, um importante campo de atuação dos bancos de Belo Horizonte e de São Paulo, com 89 e 46 agências, respectivamente. Isto evidencia seu papel como importante foco de atividades comerciais, industriais e de consumo.

III — Os Centros de Gestão da Atividade Bancária em 1985

Em 1985, havia 90 bancos comerciais, número bem inferior aos 333 existentes em 1961. Ao mesmo tempo, o número de agências bancárias ampliou-se de 5.247 para 15.070. Esta concentração/dispersão de bancos foi acompanhada pela diminuição do número de centros gestores da atividade bancária, que decaiu de 77 para 28 entre 1961 e 1985 e pela criação de verdadeiras redes bancárias nacionais. O Quadro 7 indica quais são estes centros, bem como a importância relativa de cada um.

A análise dos Quadros 3 e 7, bem como aquelas relativas ao número e localização das agências bancárias e à natureza administrativa dos bancos — privados, estaduais e federais —, tanto em relação a 1961 como a 1985, revelam dois pontos fundamentais que serão aqui consi-

QUADRO 7
CIDADES CONTROLADORAS DA ATIVIDADE BANCÁRIA – 1985

Cidades	Nº. de sedes de bancos	Cidades	Nº. de sedes de bancos
TOTAL	**90**		
São Paulo	29	Vitória	1
Rio de Janeiro	8	Florianópolis	1
Fortaleza	7	João Pessoa	1
Belo Horizonte	6	Juiz de Fora	1
Porto Alegre	6	Mossoró	1
Recife	4	Monte Azul Paulista	1
Salvador	3	Manaus	1
Goiânia	3	Maceió	1
Curitiba	2	Teresina	1
Brasília	2	Sete Lagoas	1
Belém	2	Porto Velho	1
Aracaju	2	Rio Branco	1
São Luís	1	Boa Vista	1
Natal	1	Cuiabá	1

FONTE: Sistema Financeiro Nacional. Dados Estatísticos e Gerais, Banco Central do Brasil, 1985.

derados. Primeiramente, a existência de redes bancárias nacionais e a ascensão de São Paulo. Em segundo lugar, o papel do Estado na gestão das atividades bancárias.

a) Os bancos nacionais e a ascensão de São Paulo

Em 1985, o sistema bancário brasileiro caracterizava-se por ser de fato um sistema nacionalmente integrado, constituído por bancos que atuavam, através de suas agências, em todo o território brasileiro. Isto inclui não apenas os grandes bancos, com mais de 500 agências, mas também os bancos de médio e pequeno portes. O Quadro 8 coloca em evidência este aspecto.

A atuação nacional dos bancos vai espelhar-se na exclusão, na razão social, do nome do estado onde está localizada a sede dos mesmos: o Banco Nacional de Minas Gerais S.A. passa a ser simplesmente Banco Nacional S.A., o Banco Econômico da Bahia S.A. é redenominado Banco Econômico S.A., enquanto o Banco Mercantil e Industrial do Paraná S.A. transforma-se no Banco Bamerindus do Brasil S.A. Deste modo, passam a ser, no plano formal, bancos que não se identificam com interesses de um dado território, mas de todo o país. E, efetivamente, são bancos com interesses por todo o Brasil.

Os bancos de pequeno e médio portes, por outro lado, para sobreviverem numa estrutura bancária fortemente concentrada, passam a atuar nacionalmente, a partir de uma rígida seleção locacional. O Banco Digital S.A., de São Paulo, com 20 agências, atua em Manaus, Belém, Fortaleza, Recife, Salvador, Belo Horizonte, Rio

QUADRO 8
A ATUAÇÃO NACIONAL DE BANCOS SELECIONADOS SEGUNDO AS REGIÕES – 1985

REGIÕES	BANCOS SELECIONADOS											
	Bradesco	Itaú	Real	Unibanco	Nacional	Bamerindus	Econômico	Noroeste	Nacional do Norte	Digital	Industrial e Comercial	Pinto Magalhães
TOTAL	1.841	885	580	597	586	906	534	145	168	20	18	13
Norte	101	50	23	6	10	40	33	3	5	2	2	1
Nordeste	389	137	48	94	70	104	319	11	119	4	9	2
Sudeste	819	479	38	366	396	324	126	106	25	7	3	5
Sul	286	127	85	121	69	300	20	16	12	3	2	3
Centro-Oeste	246	92	44	10	41	138	36	9	7	4	2	2

FONTE: Sistema Financeiro Nacional. Dados Estatísticos e Gerais, Banco Central do Brasil, 1985.

de Janeiro, São Paulo, Curitiba, Porto Alegre e Goiânia, centros metropolitanos, e mais Brasília, Campo Grande, Cuiabá, São Luís, Vitória e Florianópolis. No estado de São Paulo, atua apenas em São Bernardo do Campo, Campinas e Ribeirão Preto.

Outro exemplo aparece com o Banco Industrial e Comercial S.A., de Fortaleza, onde tem quatro agências, que atua nos centros metropolitanos acima indicados, em Brasília e Maceió; na região de influência de Fortaleza, possui apenas duas agências, em Crato e Juazeiro do Norte.

Adicionalmente, muitos dos pequenos bancos passam a ter uma clientela seletiva, operando preferencialmente com empresas e não com pessoas físicas e outros serviços.

Bancos de porte médio, como o Banco Noroeste S.A., de São Paulo, e o Banco Nacional do Norte, de Recife, que têm forte base regional de atuação, tornaram-se, também, bancos nacionais, o mesmo verificando-se com o Banco Boa Vista S.A., que expandiu sua atuação exclusiva na cidade do Rio de Janeiro para, ainda que seletivamente, ampla porção do território nacional. De fato, é através dos centros metropolitanos e de cidades como Campinas, Ribeirão Preto, Vitória e Brasília que se tem acesso a todo o mercado nacional.

O processo de concentração/dispersão bancária afetou o papel de centro de gestão da atividade bancária de cidades como Belo Horizonte, Porto Alegre e Rio de Janeiro. A capital mineira, por exemplo, que dispunha de 14 bancos, passa para seis, perdendo, entre outros, o Banco da Lavoura de Minas Gerais S.A., que foi transformado no Banco Real S.A., com sede transferida para São

Paulo. Belo Horizonte, entretanto, sedia o Banco Nacional S.A., um dos grandes bancos de atuação em todo o país: entre 1961 e 1985, este banco passou de 120 para mais de 500 agências.

A metrópole gaúcha passou de 10 para seis bancos, tendo perdido importantes e tradicionais bancos que controlavam a circulação de capital no extremo sul do país, como o Banco da Província do Rio Grande do Sul S.A., o Banco Nacional do Comércio S.A., o Banco Agrícola-Mercantil S.A. e o Banco Industrial e Comercial do Sul S.A., que, juntos, controlavam 316 agências. Em 1985, Porto Alegre detém um único importante banco comercial privado, o Banco Sul-Brasileiro S.A., que dispunha de 387 agências; posteriormente, este banco foi estatizado, transformando-se no Banco Meridional S.A., com sede na capital gaúcha.

A cidade do Rio de Janeiro, por sua vez, teve reduzido seu já fraco papel na gestão das atividades bancárias: de 101 bancos, pequenos em sua maioria, passa para apenas oito. Seu banco mais importante é o Banco do Estado do Rio de Janeiro S.A., com 237 do total de 387 agências controladas pelo Rio de Janeiro; nenhum dos outros sete bancos possuía mais de 60 agências, entre eles o tradicional Banco Boa Vista S.A.

Entre os centros que ampliaram sua importância como gestores da atividade bancária, estão Salvador, já tradicional centro de gestão, e Curitiba, centro de ascensão relativamente recente. O Banco Econômico S.A. e o Banco Bamerindus do Brasil S.A., neles sediados, respectivamente, passaram de menos de 100 agências cada um em 1961 para mais de 500 em 1985.

Mas é a metrópole paulista o centro que mais foi beneficiado pelo processo de concentração/dispersão bancária, conforme atesta o Quadro 2. Em realidade, a primazia paulistana vem se verificando progressivamente, à medida que ela se transforma na grande metrópole nacional, superando a cidade do Rio de Janeiro. Em 1961, São Paulo era o principal centro de descontos de títulos bancários — o desconto é uma operação que reflete a magnitude das transações comerciais entre indústrias, entre indústrias e comércio e entre comerciantes — ultrapassando o Rio de Janeiro numa proporção de cinco para três. A metrópole carioca, no entanto, detinha pequena vantagem no que diz respeito ao montante dos empréstimos em conta corrente e dos depósitos à vista e a curto prazo.

A ascensão paulistana para o primeiro lugar como centro de gestão da atividade bancária processou-se por três modos que não se excluem. De um lado, por incorporação de bancos menores e/ou malsucedidos, e, de outro, pela criação de novas agências. O terceiro modo refere-se à relocalização da sede de uma dada cidade para São Paulo.

Entre os numerosos exemplos de incorporações, estão aquelas que, em parte, possibilitaram transformar o Banco Itaú S.A., um banco regional com cerca de 70 agências em 1961, no segundo banco comercial privado do país, com cerca de 900 agências. Em diferentes momentos, foram incorporados, entre outros, o Banco da América S.A., de São Paulo, o Banco Irmãos Guimarães S.A., o Banco Andrade Arnaud S.A. e o Banco Português do Brasil S.A., do Rio de Janeiro; este banco, por sua vez, já tinha absorvido o Banco Novo Mundo S.A., que, anteriormente, absorvera o Banco do Vale do Paraíba S.A. Deste modo, através de uma cadeia de incorporações, o Banco Itaú S.A. amplia suas agências e sua ação territorial.

A criação de novas agências foi uma prática generalizada entre os bancos que se tornaram de âmbito nacional. Entre os bancos paulistas, o Bradesco é o melhor exemplo, tendo passado de 201 agências, em 1961, para 1.841, em 1985.

A relocalização da sede de uma dada cidade para São Paulo, em busca de localização mais central, dotada de atividades quaternárias — sedes das grandes empresas industriais, comerciais e de serviços financeiros, de consultoria e auditoria empresarial, entre outros —, é outra prática que ampliou o papel de São Paulo como centro de gestão mais importante. Entre os exemplos, estão o pequeno Banco F. Barreto S.A., de Mococa, o já mencionado Banco Real S.A., originário de Belo Horizonte, e o Bradesco, fundado em Marília. Outro exemplo é o Unibanco, que nasceu da incorporação pelo Banco Moreira Salles S.A., de Poços de Caldas, e do Banco Agrícola-Mercantil S.A., de Porto Alegre.

O exemplo a seguir, do Bradesco, ilustra a ascensão de São Paulo como metrópole financeira do país. Criado em 1943, na franja pioneira do planalto ocidental paulista, no mesmo ano já dispunha de agências em Garça, Getulina, Pompéia, Rancharia, Tupã e Vera Cruz (Fontenla, 1965). Era assim um banco de ação eminentemente regional. Em 1945, já possuía 44 agências, inclusive uma na capital paulista, para onde a sede é transferida no ano seguinte. Em 1948, ao incorporar um pequeno banco carioca, instala uma agência na cidade do Rio de Janeiro. O número de agências sobe para 67 em 1950. Em

1952, instala-se pioneiramente entre os bancos paulistas na capital mineira (Fontenla, 1965).

Apesar de contar em 1961 com 201 agências, o Bradesco era ainda um banco eminentemente regional, não possuindo nenhuma agência nas regiões Norte e Nordeste, e apenas oito na Centro-Oeste. Em realidade, 151 agências localizavam-se no estado de São Paulo e 33 no vizinho norte paranaense, ou seja, 90% de uma atuação direta faziam-se na mais rica e dinâmica região do país. Possuía, ainda, agências em pontos-chave da circulação: Rio de Janeiro, Belo Horizonte, Curitiba, Paranaguá e Juiz de Fora, entre outros.

Uma análise mais acurada da localização regional do Bradesco indica que suas agências localizavam-se em *capitais regionais*, como Araçatuba, Bauru, Campinas, Presidente Prudente, Ribeirão Preto, Sorocaba e Londrina, entre outras, em *centros sub-regionais*, como Botucatu, Catanduva, Fernandópolis, Lins, Piracicaba, Apucarana e Paranavaí, entre outros, em *centros de zona*, como Bariri, Cafelândia, Osvaldo Cruz, Rancharia, Sertãozinho, Assaí, Bela Vista, e em *centros locais*, entre outros, Álvares Machado, Clementina, Itaberá, Lavínia, Quintana, Colorado e Uraí.

Além de ter localização nos centros dos diferentes níveis da hierarquia urbana, o Bradesco instalava-se em centros eminentemente industriais, como Jundiaí e Limeira, no porto de Santos e nos municípios integrantes da região metropolitana paulista, Santo André, São Caetano do Sul, Mauá e Mogi das Cruzes, entre outros. No município da capital havia 49 agências.

O complexo padrão locacional significava uma intrincada rede de captação de recursos que tinha como matriz as atividades econômicas da hinterlândia paulista, o café, o algodão, a cana-de-açúcar, o gado, a indústria, as atividades terciárias e o consumo. Pode-se hipotetizar então que foi a partir de uma sólida acumulação fundamentada em uma base regional rica e dinâmica que o Bradesco se transformou, via incorporação de bancos e criação de agências, no maior banco comercial privado do país.

Em 1985, o Bradesco já tinha consolidado a sua atuação por todo o território brasileiro, conforme mostra o Quadro 8. As agências paulistas, que representavam 75% do total de agências em 1961, representavam agora 26% do total, ainda que tivessem sido ampliadas de 151 para 471. As regiões Norte e Nordeste possuíam 480 agências, mais do dobro do total geral das agências existentes em 1961. Na Região Centro-Oeste passaram de oito para 246, na Sul de 35 para 286, enquanto a Sudeste teve o número de suas agências multiplicado por cinco.

A difusão das agências do Bradesco fez-se tanto nas regiões metropolitanas — nas áreas centrais, nos subcentros comerciais intra-urbanos de diferentes níveis hierárquicos e nas diversas áreas de atividades especializadas — como nas localidades centrais e centros especializados das hinterlândias metropolitanas. Fez-se quer nas regiões de ocupação antiga, quer na "fronteira agrícola", neste caso incluindo núcleos recém-criados; em Rondônia, por exemplo, em 1985, havia 18 agências, enquanto no Pará o número ascendia para 45 e, em Mato Grosso, para 54.

Deste modo, o Bradesco caracteriza-se por ser o principal banco comercial do país: primazia em termos numéricos e ampla espacialidade são expressões complementares de um mesmo processo de drenagem, acumulação e investimentos que tem como pólo a metrópole paulista, o grande centro de gestão da atividade financeira do país.

b) O papel do Estado e os centros de gestão da atividade bancária

Em 1961, o Estado, no que se refere à esfera federal, detinha os seguintes bancos: o Banco do Brasil S.A., fundado em 1808 (Fontenla, 1965), o Banco de Crédito da Amazônia S.A., célula do atual Banco da Amazônia S.A. — BASA, com sede em Belém —, e o Banco do Nordeste do Brasil S.A., sediado em Fortaleza. Cumpriam eles importantíssimo papel, o primeiro funcionando efetivamente como um banco de atuação nacional, e os outros dois como grandes bancos regionais, em regiões onde a rede bancária privada era insuficiente; na Amazônia, por exemplo, das 66 unidades bancárias ali existentes, 30 eram do Banco de Crédito da Amazônia S.A., que atuava em 30 das 31 cidades que dispunham de pelo menos uma agência bancária.

Os bancos comerciais estaduais não tinham, ainda, a importância que teriam na década de 1980. O mais importante deles era o Banco do Estado de São Paulo S.A., criado em 1926 (Fontenla, 1965) e que já possuía uma poderosa rede de agências: em 1963, situava-se, no cômputo geral, no segundo lugar entre os bancos no que se refere ao montante dos depósitos (Passos, 1973).

O estado de Minas Gerais possuía também uma importante rede bancária estadual, constituída pelo

Banco de Crédito Real de Minas Gerais S.A., fundado em 1889 e com sede em Juiz de Fora, o Banco Hipotecário e Agrícola do Estado de Minas Gerais S.A. e o Banco Mineiro da Produção S.A., ambos sediados em Belo Horizonte e criados em 1911 e 1935, respectivamente (Fontenla, 1965). Estes dois bancos foram posteriormente fundidos, originando-se o Banco do Estado de Minas Gerais S.A. Em 1961, os três mencionados bancos controlavam mais de 250 agências.

Também importantes eram as redes bancárias estaduais do Rio Grande do Sul, com mais de 100 agências, e do Paraná, com mais de 50. As demais unidades da federação ou não possuíam bancos estaduais ou estes tinham pequena importância.

Em 1985, os bancos do Estado desempenhavam importantíssimo papel no processo da circulação de capital. Aos três bancos federais preexistentes foi acrescentado o Banco de Roraima S.A., com sede em Boa Vista.

Em relação às unidades da federação, todas elas passaram a dispor de pelo menos um banco estadual. A importância deles aparece quando se constata que, das 15.000 agências existentes no país, cerca de 3.200 são de bancos estaduais. A primazia do Banco do Estado de São Paulo S.A. é ratificada: possui 559 agências, constituindo, em realidade, um banco de âmbito nacional. Os bancos dos estados de Minas Gerais, Paraná, Rio Grande do Sul, Rio de Janeiro, Bahia e Santa Catarina possuem, cada um, mais de 200 agências. Deste modo, são aqueles estados onde a rede bancária privada é mais densa que apresentam os mais poderosos bancos comerciais estaduais.

A análise do Quadro 7 revela um aspecto muito significativo a respeito da importância dos bancos do Estado, quer federais, quer estaduais. Dos 28 centros de gestão da atividade bancária, apenas quatro não são capitais político-administrativas: Juiz de Fora, Sete Lagoas, Mossoró e Monte Azul Paulista. Os dois primeiros dos quatro centros, no entanto, são sedes de bancos estaduais, o Banco de Crédito Real de Minas Gerais S.A. e o Banco Agrimisa S.A., respectivamente. Assim, apenas duas cidades que não dispõem da função de capital sediam bancos comerciais, pequenos, aliás, pois cada um tem menos de 20 agências. Capitais regionais, como Sobral, Itabuna, Campos, Uberlândia, Campinas, Ribeirão Preto, Londrina, Ponta Grossa, Blumenau e Anápolis, que no passado possuíam pelo menos uma sede de banco, não são mais centros de gestão da atividade bancária.

Das 24 cidades-capitais indicadas no quadro em tela, 12 sediam apenas um único banco que é estadual. Deste modo, o crescente papel do Estado na atividade bancária possibilita que numerosas cidades possam exercer importante função pelo fato de serem capitais político-administrativas: o número destas cidades chegou mesmo a aumentar entre 1961 e 1985, graças à inclusão de Cuiabá, Porto Velho, Rio Branco e Boa Vista.

IV — Considerações Finais

No bojo do processo de concentração dos bancos comerciais, verificou-se, simultaneamente, uma redução do número de centros de gestão da atividade bancária, a definição clara de um verdadeiro centro de gestão atuando nacionalmente, a metrópole paulista, a criação de redes nacionais de bancos e o papel crescente do Estado na gestão direta dos negócios bancários.

Estas transformações estruturais e espaciais são, em realidade, exemplos evidentes e dos mais sintomáticos da passagem de um "espaço molecular", definido pela "atomização territorial da produção" e da gestão, para um "espaço monopolista", a "configuração de uma totalidade social organizada sobre a base da centralização do capital" e da gestão do território (Moreira, 1985).

Algumas colocações devem agora ser feitas. Primeiramente, este estudo selecionou para investigação apenas uma questão que, em suas linhas gerais, esperamos ter respondido. Outras questões podem ser indicadas, sugerindo novos estudos sobre as relações entre atividade financeira em geral e gestão do território. Muitas delas emergem dos resultados acima apresentados. As que se seguem, constituindo um segundo grupo de colocações, não esgotam as possibilidades dos questionamentos:

a) Como se originou e evoluiu a gestão da atividade financeira em centros urbanos específicos, como Porto Alegre, um poderoso centro da gestão regional durante as décadas de 1950 e 1960, Salvador, Rio de Janeiro e São Paulo, cidades que apresentaram dinâmicas distintas a este respeito? Outras cidades, incluindo aquelas que perderam o papel de gestoras da atividade bancária, podem ser consideradas.
b) Como surgiu e evoluiu um determinado banco, como o Bradesco, um banco menor ou um banco estadual? Esta questão envolve a "história do banco", abrangendo o processo de sua formação em um dado contexto espaço-temporal, as alianças e os conflitos com outros agentes, suas estratégias e práticas espaciais. O trabalho de Labasse sobre o banco francês Crédit Lyonnais é, a este respeito, exemplar.

BIBLIOGRAFIA

BAER, M.A. *A internacionalização financeira no Brasil*. Petrópolis, Vozes, 1986. 164 p.

FONTENLA, V. *História dos bancos no Brasil*. Rio de Janeiro, 1965. 224 p.

FRAY, L. *Desenvolvimento econômico e estrutura do mercado financeiro*. Rio de Janeiro, Zahar, 1975. 261 p.

GOLDSMITH, R.W. *Brasil, 1850-1984, desenvolvimento financeiro sob um século de inflação*. São Paulo, Harper Row do Brasil, 1986. 557 p.

LABASSE, J. *Les capitaux et la région*. Paris, Fondation Nationale des Sciences Politiques, 1958. 532 p.

LENIN, V.I. *Imperialismo: fase superior do capitalismo*. São Paulo, Global, 1979. 127 p.

MOREIRA, R. *O movimento operário e a questão cidade-campo no Brasil*. Petrópolis, Vozes, 1985. 215 p.

O PROCESSO de concentração dos bancos comerciais e a formação de conglomerados financeiros. *Conjuntura Econômica*, Rio de Janeiro, 27(1): 46-48, 1973.

PASSOS, C.F. Estrutura financeira e desenvolvimento: o caso do Brasil. São Paulo, Atlas, 1973. 209 p.

RIBEIRO, B. e GUIMARÃES, M.M. *História dos bancos e do desenvolvimento financeiro do Brasil*. Rio de Janeiro, Ed. Pro-Service, 1967. 439 p.

Postscriptum

Entre 1985 e 2002, o processo de concentração bancária no Brasil teve prosseguimento. A privatização e a internacionalização estão subjacentes a esta concentração, que tem efeitos sobre o papel de gestão do território das metrópoles brasileiras, muito particularmente São Paulo.

Dos seis grandes bancos privados existentes em 1985, três foram absorvidos (com perda ou não da razão social): Banco Nacional S.A., absorvido pelo Unibanco, Bamerindus, absorvido pelo HSBC, de capital inglês, e o Banco Real S.A., controlado pelo banco holandês ABN-AMRO Bank. Capitais espanhóis e portugueses, por exemplo, passaram a atuar por intermédio de bancos comerciais, como os bancos Santander e Bilbao-Viscaya. O Banco do Estado do Rio de Janeiro S.A., por sua vez, como outros estatais, foi privatizado, tendo sido absorvido pelo Banco Itaú S.A.

O processo de concentração/dispersão bancária esteve associado à consolidação de uma poderosa metrópole nacional. O processo que se seguiu, ainda em curso, caracteriza-se pela continuidade da concentração bancária, que tende a ampliar a concentração dos centros de gestão do território, ratificando ampliadamente a primazia paulistana e, ao mesmo tempo, deslocando parte crescente da função de gestão do território para fora do país.

O estudo que precede a esta nota diz respeito a um capítulo da geografia bancária brasileira, capítulo mais rico do que aquele que o seguiu. No entanto, o período em curso suscita novas questões para a investigação geográfica.

3. Corporação e Organização Espacial: Um Estudo de Caso*

No relatório apresentado aos acionistas relativo ao ano de 1987, o presidente da Companhia Souza Cruz Indústria e Comércio, empresa *holding* do grupo Souza Cruz, afirma que "são as empresas, numa economia de mercado, os principais agentes da transformação que atualmente vive o mundo".[1] De fato, na fase atual do capitalismo são as grandes corporações com múltiplas atividades e localizações que desempenham o principal papel na reorganização do espaço: constituem elas agentes fundamentais da gestão do território, exercendo poderoso controle sobre a organização espacial e sua dinâmica.

O propósito deste estudo é o de analisar a organização espacial do grupo Souza Cruz. Procuraremos colocar em evidência como esta corporação produziu o seu espaço de atuação, atribuindo papéis específicos a determinadas áreas e cidades, contribuindo assim para a divisão territorial do trabalho no país e a conseqüente integração nacional. Trata-se de um estudo de caso. Através dele intenta-se contribuir para uma temática de grande importância para a Geografia, isto é, a organização espa-

* Publicado originalmente na *Revista Brasileira de Geografia*, 53(3), 1991, pp. 33-66.

cial das grandes corporações, parte integrante, em muitos casos fundamental, da organização espacial de amplas regiões e países.

Estudos de casos sobre o tema em tela foram empreendidos, como se exemplifica com o de Bloomfield[2] sobre a indústria automobilística, e o de Savey[3] sobre o grupo francês PUK, envolvido na produção de alumínio; avaliações e generalizações foram também empreendidas, como são exemplos as realizadas por Mc Nee[4] e Clarke.[5] A dimensão espacial das corporações, contudo, requer ainda muita atenção, conforme apontam Mc Nee,[6] Clarke[7] e Taylor e Thrift.[8] Um ponto que necessita ser investigado é, segundo Mc Nee,[9] referente às etapas do processo evolutivo da espacialidade das corporações, as quais se vinculam à dinâmica interna de cada uma no bojo da evolução geral do capitalismo. O presente trabalho procura contribuir com respostas sobre o ponto acima mencionado. Procura ainda detectar as interações espaciais atuais da corporação que, para ambos os questionamentos, será tomada como estudo de caso.

Cerca de uma dezena de grandes empresas, situadas entre as maiores do país de acordo com a revista *Visão*, número especial sobre "Quem É Quem na Economia Brasileira", referente ao ano de 1987,[10] foi preliminarmente selecionada. Um questionário foi enviado a cada uma delas. Inquiria ele sobre as unidades componentes de cada empresa, suas atividades, ano de criação e localização, assim como a respeito de quem participava acionariamente no controle de cada empresa e que participação tinha ela em outras. Algumas das empresas não responderam ao questionário, enquanto outras o fizeram de modo precário.

A Companhia Souza Cruz Indústria e Comércio foi finalmente selecionada em virtude das facilidades oferecidas para a realização da presente pesquisa. Foi possível o acesso aos relatórios anuais da empresa referentes ao período 1957-1989, assim como foi possível consultar vasto material referente às atividades econômicas do grupo, abrangendo a Companhia de Cigarros Souza Cruz e as demais empresas que fazem parte do grupo. Publicações referentes ao fumo e produzidas por outras entidades foram também colocadas à disposição para consulta.

A partir do conhecimento da composição do grupo Souza Cruz, foi organizado um segundo questionário que foi enviado para cada empresa controlada ou coligada. Tratava-se de questionário específico para cada empresa, assemelhando-se, no conteúdo, ao primeiro. Quase todas as empresas do grupo forneceram respostas satisfatórias. Foi possível também realizar entrevistas na cidade do Rio de Janeiro — na *holding* e na filial carioca do Departamento de Vendas — e em Florianópolis, na sede do Departamento de Fumo.

Há, naturalmente, limitações nas informações obtidas. Algumas dizem respeito à profundidade, enquanto outras caracterizam-se por ser incompletas horizontalmente, sendo omitidos alguns aspectos. A qualidade das informações, por outro lado, não é a mesma em todas as empresas componentes do grupo. Estas e outras limitações, contudo, não impediram de abordar a espacialidade do grupo Souza Cruz.

I — O Conglomerado BAT e o Grupo Souza Cruz

O grupo Souza Cruz é um dos maiores do país. Em 1988, situou-se em oitavo lugar no que se refere à receita obtida. Acima dele estavam os grupos estatais Petrobras, Eletrobras, Siderbras, Telebras e Vale do Rio Doce, e privados, Autolatina e Shell.[11] Era, assim, o terceiro grupo privado atuando no Brasil.

A importância do grupo aparece sobremaneira na sua expressiva participação tributária. Dado o volume de sua produção de cigarros e a pesada incidência de impostos sobre ela, que representou, em 1988, 72,7% do preço no varejo,[12] o grupo Souza Cruz situa-se entre os mais importantes contribuintes do país. A carga tributária acaba, na realidade, tornando o Estado brasileiro uma espécie de sócio da Souza Cruz, ao mesmo tempo que esta passa a dispor de enorme poder.

No plano geográfico, a importância do grupo em tela é enorme. Além dos 15.000 empregados no ramo fumo e cigarros, o grupo tem sólidas ligações com o mundo rural através de vinculações diretas com mais de 60.000 produtores de fumo. Cerca de 2.500 veículos seus circulam diariamente pelo país distribuindo cigarros; a isto somam-se cerca de 280.000 varejistas cadastrados, conferindo à Souza Cruz uma atuação em todo o território nacional, desde o núcleo central da metrópole paulista aos confins da Amazônia.[13] Suas atividades suscitam densa e ramificada organização espacial, envolvendo inúmeras localizações, tanto em área como pontuais, e variados e multidirecionados fluxos que efetivamente articulam não apenas suas atividades, mas também estas com as de outros grupos. Na realidade, a espacialidade do grupo assume uma dimensão de ubiqüidade.

À ubiqüidade acrescenta-se, dada a natureza do consumo de cigarros, a cotidianidade de sua presença envolvendo milhões de pessoas. Ambas, ubiqüidade e cotidianidade, são resultantes da ação de um tipo particular de capital, aquele vinculado aos ramos, entre outros, de fumo e cigarros.

O grupo Souza Cruz, controlado pela *holding* Companhia Souza Cruz Indústria e Comércio, constitui, na realidade, uma ramificação do BAT Industries Group, um poderoso conglomerado com sede em Londres. Em 1988, o referido conglomerado atuou em cerca de 90 países, empregando mais de 310.000 pessoas e tendo movimento de capital da ordem de 25 bilhões de dólares.[14]

Constituem as empresas do grupo Souza Cruz uma pequena fração de um conglomerado de mais de 150 empresas reunidas em sete grandes *holdings* controladas diretamente pelo BAT Industries Group e outras *holdings* e empresas associadas.

O conglomerado BAT produz cigarros, constituindo um dos maiores fabricantes do mundo, controlando mais de 40 empresas e mais de 80 fábricas de cigarros localizadas na América Latina, América do Norte, Europa, Ásia, África e Oceania. Participa também do mercado internacional de fumo em folhas, no qual exerce considerável peso. Produz também celulose e papel através, sobretudo, da *holding* The Wiggins Teape Group, controladora de numerosas empresas. No conjunto, o conglomerado participa da indústria de celulose e papel da Inglaterra, Bélgica, Finlândia, França, Itália, Eire, Espanha, Portugal e Estados Unidos, entre outros países.

Os ramos fumo e cigarros e celulose e papel representam, em 1988, 50% do movimento global de capital e 59% do lucro do conglomerado.[15]

Na esfera da produção, a atuação do conglomerado inclui ainda: plásticos, instrumentos científicos, maquinário agrícola, móveis, refrigerantes e sucos de frutas, entre outros bens e produtos.

No que se refere às atividades terciárias, atua nos comércios atacadista e varejista, possuindo várias cadeias de lojas em diversos países, como a Argos, na Grã-Bretanha, a Saks e a Marshall Fields, nos Estados Unidos, e a Horten, na Alemanha Ocidental, entre outras. Atua também nos serviços de seguros (Allied Dunbar, Eagle Star e Farmers, entre outros), bancos, hotelaria e restaurantes do tipo fast-food (Hardee's, com mais de 3.000 pontos de venda). Possui fazendas e atua no setor imobiliário. A pesquisa científica, voltada em grande parte para seus próprios interesses, inclui-se também entre as atividades do conglomerado que possui vários centros de pesquisa e desenvolvimento.[16]

O Quadro 1 indica as sete grandes *holdings* que fazem parte do conglomerado, entre elas a Companhia Souza Cruz Indústria e Comércio, objeto do presente estudo. Aponta ainda os principais ramos em que cada uma das *holdings* atua e algumas de suas empresas controladas ou associadas.

Os ramos fumo e cigarros e celulose e papel são importantes tanto no âmbito do conglomerado como no grupo Souza Cruz. Ao contrário, o comércio varejista e as atividades financeiras são expressivas apenas no âmbito das *holdings* européias (BAT Stores Ltd., Batig e BAT Financial Services Ltd.) e norte-americana (Batus, Inc.).[17]

QUADRO 1
O GRUPO BAT INDUSTRIES EM 1988: PRINCIPAIS *HOLDINGS*

HOLDINGS	ATIVIDADES PRINCIPAIS	EMPRESAS VINCULADAS (Parcial)
1. British American Tobacco Company Ltd.	Fumo e Cigarros (+ de 80 fábricas)	— British American Tobacco Co. Ltd. — BAT Benelux — Chiletabacos S.A. — BAT Kenya Ltd.
2. The Wiggins Teape Group	Papel e Celulose	— Wiggins Teape Papers Ltd. — Celuloses de Asturias S.A. — Soporcel
3. BAT Stores	Cadeia de Lojas (+ de 200 lojas)	— Argos Distributors Ltd.
4. Batus, Inc.	Fumo e Cigarros Cadeia de Lojas Papel e Seguros	— Brown & Williamson Tobacco Corporation — Saks & Co. — Appleton Papers Inc. — Farmers Group
5. Batig	Fumo e Cigarros Cadeia de Lojas Plásticos	— BAT Cigarettenfabriken Gmb H — Horten AG
6. BAT Financial Services Ltd.	Seguros	— Allied Dunbar Assurance — Eagle Star Holdings
7. Companhia Souza Cruz Indústria e Comércio	Fumo e Cigarros Celulose e Papel Sucos de Frutas	— Cia. de Cigarros Souza Cruz — Cia. Industrial de Papel Pirahy — Ind. Alimentícias Maguary S.A. (+ 11 empresas)

FONTE: BAT Industries: Annual Report and Accounts, 1988.

A Companhia Souza Cruz Indústria e Comércio é, na realidade, uma sub-*holding* cujo poder de decisão é limitado, submetido a interesses sediados fora do país. Esta limitação, contudo, garante-lhe recursos financeiros que lhe permitiram expansão e diversificação, assim como o domínio do mercado brasileiro de cigarros e o acesso ao mercado internacional de fumo através de exportações que, em parte, destinam-se às empresas vinculadas ao conglomerado BAT.

Trata-se, assim, de exemplo, de um lado, de grupo cuja ação está inserida na política global de um gigantesco conglomerado. De outro, de grupo inserido na divisão internacional do trabalho em sua fase atual, caracterizada pela difusão em escala mundial do capital produtivo, pela divisão de funções entre empresas do mesmo conglomerado e pelo comércio internacional entre estas empresas, isto é, no interior de um mesmo conglomerado. O centro de gestão do complexo processo simultaneamente econômico, político, social e espacial a que o grupo Souza Cruz está vinculado é a cidade de Londres, uma "cidade global",[18] centro de acumulação em escala mundial.

A divisão territorial do trabalho, contudo, manifesta-se também no âmbito do país, através das múltiplas localizações e interações entre as diferentes unidades do grupo Souza Cruz. Localizações e interações que definem o espaço de atuação do grupo.

O grupo Souza Cruz tem suas origens, como muitos grupos econômicos, em um empreendimento modesto. Nasce na cidade do Rio de Janeiro, no começo do século XX, em um momento em que a então capital federal constituía o principal mercado consumidor e centro industrial do país, passando por um amplo processo de modernização que atingia várias dimensões da vida de seus habitantes e a própria organização espacial urbana.

A produção e o consumo de cigarros eram então pouco expressivos. O fumo era consumido, de um lado, sob a forma de rapé, em crescente desuso, e, de outro, sobretudo, na forma de charutos. Os cigarros eram importados ou preparados individual e manualmente, com fumo em "corda" ou fumo já desfiado e papel ou palha de milho.[19]

Em 1903, o imigrante português Albino Souza Cruz funda a primeira fábrica moderna de cigarros do país, introduzindo uma inovação no mercado através de cigarros em carteiras com 20 unidades, prontos para o consumo. A pequena manufatura, que inicialmente empregava 16 operárias, ocupava um sobrado localizado no centro do Rio de Janeiro, ali concentrando-se também as funções de gestão das atividades e vendas. Não havia ainda, dada a escala do empreendimento e de seu espaço de atuação, uma divisão territorial do trabalho no âmbito da empresa.[20]

O empreendimento inicial resultou das economias e experiências adquiridas desde 1885, quando o referido imigrante começou sua vida trabalhando como empregado na Fábrica de Fumos Veado, no Rio de Janeiro. Bem-sucedido, em 1909 adquire a Imperial Fábrica de Rapé Paulo Cordeiro, que já não mais funcionava. Situada no bairro carioca da Muda, na Zona Norte da cidade, foi adaptada para a produção de cigarros, originando a atual unidade fabril do grupo na cidade do Rio de Janeiro.[21]

Tratava-se, na realidade, de uma descentralização decorrente da expansão da produção de cigarros, demandando novas e mais amplas instalações fabris, e da valorização do atual distrito central de negócios do Rio de Janeiro. Este tinha acabado de passar, através de reformas realizadas pelo Estado, por uma vasta operação de modernização viária e funcional que afetou o seu conteúdo social.[22] A localização central, na rua Gonçalves Dias, que se valorizava, transformando-se em importante rua de comércio varejista, tornava-se inadequada para a indústria, especialmente aquelas em expansão.

Em 1914, a então denominada Souza Cruz e Companhia é adquirida pela British American Tobacco, uma empresa inglesa em expansão que viria a tornar-se uma das maiores do mundo no ramo de cigarros. Sua aquisição foi certamente influenciada pelo fato de ser ela uma empresa bem-sucedida, localizada na maior cidade do país e com possibilidade de expansão em face de um mercado novo, recém-criado e extremamente promissor.[23]

Com a injeção de capitais externos, o grupo Souza Cruz começa a se constituir. Constituição esta que se realiza, até o início da década de 1970, através de dois processos que não são nem mutuamente excludentes, nem se encerram nesse período. Trata-se, de um lado, do processo de concentração horizontal, caracterizado pela criação ou aquisição de unidades com a mesma produção ou prestando os mesmos serviços. De outro, do processo de concentração vertical ou integração, que se caracteriza pela criação ou aquisição de unidades com produção situada a montante e/ou a jusante de um produto principal, produzindo bens intermediários ou prestando um serviço funcionalmente necessário. O resultado de ambos os processos foi, de um lado, a expansão e a consolidação da Companhia de Cigarros Souza Cruz, empresa líder do grupo. De outro, foi a eliminação de numerosos fabricantes de cigarros localizados em várias cidades do país.

A partir de meados da década de 1970, é instaurado outro processo. Trata-se da conglomeração, caracterizada pela criação ou aquisição de empresas vinculadas a setores que funcionalmente não se articulam — ainda que em parte possam fazê-lo —, gerando uma efetiva diversificação. O resultado deste processo foi a criação do grupo sob a égide da *holding* Companhia Souza Cruz Indústria e Comércio.

Os processos de concentração horizontal e vertical e de conglomeração implicaram, por outro lado, a criação de filiais e subsidiárias, e a aquisição de empresas preexistentes por parte da *holding* ou de uma empresa controlada. O processo de conglomeração implicou, adicionalmente, a associação da *holding* com outros grupos, visando à criação de novas empresas cujo grau de controle seria maior ou menor. Dado, entretanto, o relativo pioneirismo da Souza Cruz no mercado brasileiro de cigarros e, simultaneamente, a sua contínua expansão, a criação de subsidiárias e filiais foi, até o final da década de 1960, relativamente mais importante que a aquisição de empresas ou a associação com outros grupos visando à constituição de novas unidades jurídicas e de produção.

II — Expansão e Consolidação da Companhia de Cigarros Souza Cruz

A posição da Souza Cruz no mercado brasileiro de cigarros é inconteste: cerca de 80% dos quase 158 bilhões de cigarros produzidos no Brasil em 1988 foram provenientes de suas fábricas. A Souza Cruz é também a maior exportadora de fumo em folha do país, tendo exportado em 1988 cerca de 155 milhões de dólares para mais de 50 países.[24]

Esta dupla primazia foi conquistada ao longo do tempo. A cada passo, que contribuiu para sua efetiva expansão e consolidação no mercado, o espaço estava presente. A expansão não se poderia fazer sem ampliar os vínculos com o espaço, seja através de novas localizações, seja através da intensificação da produção em localizações antigas. Em ambos os casos, as interações espaciais foram ampliadas, interconectando os lugares vinculados à Souza Cruz por meio de fluxos envolvendo ordens, recursos financeiros, força de trabalho, matérias-primas, bens intermediários, equipamentos diversos, produtos finais, publicidade, transações comerciais atacadistas, capital-dinheiro e impostos.

No processo de expansão e consolidação da Souza Cruz, o espaço, contudo, não desempenhou pura e simplesmente o papel de suporte necessário e insubstituível às atividades vinculadas ao complexo processo produtivo do cigarro. O espaço da Souza Cruz não é um espaço absoluto.

As diferentes localizações que compõem o espaço da Souza Cruz desempenham papéis distintos. Algumas apresentam condições favoráveis à produção de fumo, seja em razão da existência de fumicultura preexistente, ponto de partida para a expansão, seja em razão das condições ecológicas e culturais favoráveis à fumicultura. Outras constituem pontos nodais de grande acessibilidade às áreas produtoras de fumo, e outras mais dispõem de elevado grau de centralidade em face dos mercados consumidores.

A percepção das potencialidades ou da decadência dos atributos das localizações foi se dando, ao longo do tempo, em função, de um lado, da própria expansão da Souza Cruz, requerendo novas localizações com velhos e novos atributos e, de outro lado, da própria dinâmica dos lugares no bojo da mutável organização socioespacial do país. Trata-se, de fato, de espaços que são simultaneamente relativos, diferenciados por custos de transferência, e relacionais, diferenciados por atributos que têm significados distintos para a Souza Cruz. Cada localização é dotada de uma singularidade que lhe é dada pelo fato de estar inserida na rede de lugares da Souza Cruz.

Mais do que isto, o espaço da Souza Cruz é parte integrante do processo de realização e reprodução da empresa, imbricando-se efetivamente com a sua existência.

a) Concentrações horizontal e vertical e a expansão da empresa

Já em 1916, dois anos após sua aquisição pelo BAT, são criadas as filiais de vendas de São Paulo e Recife, e no ano seguinte as de Belo Horizonte e Curitiba. Em 1918, é criada a primeira usina de beneficiamento de folhas de fumo, localizada em Santa Cruz do Sul, uma área de colonização alemã do Rio Grande do Sul.[25] Tratava-se, portanto, de ampliar os mercados consumidores e garantir matéria-prima.

Estas cinco localizações iniciais fora da cidade do Rio de Janeiro, onde estavam a sede da empresa e a fábrica de cigarros, dão início à criação do amplo espaço de atuação da Souza Cruz. Envolveu esta criação, de um lado, a seleção de cidades dotadas de elevado grau de centralidade, São Paulo e Recife. De outro, a seleção de centros na Região Centro-Sul, que apresentavam, aos olhos da empresa, boas perspectivas enquanto mercados consumidores e centros distribuidores: Belo Horizonte, cidade criada havia cerca de 20 anos, e Curitiba, capital de um estado então pouco ocupado, com economia fundamentada no extrativismo da erva-mate, na criação extensiva de gado nas áreas de campo e na pequena produção agrícola de colonos de origem européia.

Envolveu ainda a seleção da região de Santa Cruz do Sul, onde o fumo já era cultivado havia mais de 50 anos pelos imigrantes alemães e seus descendentes. A importância dessa região vai se traduzir na criação, em 1918, da Companhia de Fumos Santa Cruz, resultado da associação de seis empresas gaúchas vinculadas ao beneficiamento de folhas de fumo e à produção de cigarros, conforme aponta Montali.[26] Essa região já era, assim, um importante foco produtor de fumo quando a Souza Cruz ali chegou; esta, por sua vez, iria torná-la, em breve, a principal região fumicultora do país.

Em 1920, é criada em Santa Cruz do Sul, e a partir da usina de beneficiamento, a Companhia Brasileira de Fumo em Folhas, uma subsidiária encarregada de garantir matéria-prima selecionada e em grande escala. De fato, ela introduz e difunde fumos claros do tipo Virgínia e o método de secagem das folhas de fumo em estufa: até então cultivavam-se, predominantemente, fumos escuros que eram secos em galpão.[27]

A atuação da subsidiária em pauta iria gerar notável impacto socioespacial em parcelas significativas das áreas de mata dos territórios, primeiramente gaúcho e, a seguir, catarinense, áreas habitadas por descendentes de imigrantes alemães, italianos, poloneses e mesmo por agricultores de raízes luso-brasileiras.

Primeiramente, contribuiu para gerar uma persistente e relativamente próspera agricultura do tipo contratual.[28] Em segundo lugar, para gerar áreas especializadas na produção de fumo, como a que se estende em torno da cidade de Santa Cruz do Sul: em 1986, a denominada Microrregião Fumicultora de Santa Cruz do Sul produziu cerca de 52.000 toneladas de fumo, correspondentes a 13,5% da produção nacional. Os estados de Santa Catarina e Rio Grande do Sul, por outro lado, contribuíram, em 1986, com cerca de três quartos da produção brasileira de fumo. Este valor subiu para 82,4% se considerarmos o Paraná, onde a Souza Cruz também atua.[29]

O período que se estende de 1920 ao final da década de 1930 foi, na realidade, fundamental para a consolidação da Souza Cruz como uma grande empresa na produção de cigarros.

Novas filiais de vendas são criadas, ampliando seu espaço de atuação. Assim, em 1924, é instalada a filial de Porto Alegre e, em 1927, a de Salvador. Verificou-se também a instalação de novas fábricas de cigarros: em 1927, são criadas as unidades fabris de São Paulo e Salvador,[30] enquanto, em 1928, surge a congênere de Porto Alegre[31] e, em 1930, a de Recife.[32] A expansão verifica-se também através do processo de aquisição de empresas preexistentes. Assim, em 1935, é adquirida a Companhia de Cigarros Castellões, firma paulistana rival da Souza Cruz.[33] A criação de unidades, entretanto, constituiu o modo dominante de expansão: em 1938, é implantada a fábrica de cigarros de Belo Horizonte.[34] A concentração horizontal estava definitivamente consolidada, configurando a Souza Cruz como uma empresa de atuação nacional.

No processo de expansão, através de implantações fabris, as cidades de mais elevados níveis de centralidade foram privilegiadas. De fato, o acesso ao mercado consumidor, já conhecido através da instalação anterior de filiais de vendas, constitui fator fundamental na localização de fábricas de cigarros. São Paulo, Porto Alegre, Recife e Salvador são, neste sentido, tradicionais centros de vastas hinterlândias, simultaneamente importantes focos de consumo e distribuição regional. No caso de Belo Horizonte, onde a instalação foi mais tardia, essa implantação constituiu, seguramente, fator de consolidação de sua centralidade em parte do território mineiro.

Simultaneamente à concentração horizontal, geradora de poderosa escala de produção, verificava-se uma concentração vertical. Esta já se delineava desde 1918, com a usina de beneficiamento de Santa Cruz do Sul, prosseguindo durante a década de 1920. Assim, em 1926, é adquirida a Companhia Lithográfica Ferreira Pinto, com gráfica no bairro carioca de Benfica, que já imprimia os rótulos, carteiras e cartazes para a Souza Cruz.[35] A esta gráfica se juntaria, em 1937, outra, localizada em São Paulo, que contava então com duas unidades de fabricação de cigarros.[36]

Concomitantemente à expansão da produção de cigarros, verificava-se a criação, em 1928, na cidade gaúcha de Santo Ângelo, de uma segunda usina de beneficiamento de fumo em folha.[37] A implantação desta unidade só foi possível pelo fato de haver uma crescente oferta de matéria-prima, resultado da difusão da fumicultura em áreas de pequenos agricultores. Neste processo de difusão, a Souza Cruz teve papel fundamental. Através de uma fazenda localizada em Santa Cruz do Sul, adquirida em 1918 e transformada em estação experimental em 1923, e de um corpo técnico próprio, constituído por agrônomos e instrutores, foram difundidas novas variedades de fumo, técnicas agrícolas e de secagem das folhas de fumo. O financiamento em dinheiro para a compra de insumos e a construção de estufas constituía o elemento final de garantia da produção e do acesso à matéria-prima.[38]

A implantação da terceira usina de beneficiamento em Lajeado, no vale do Taquari, no Rio Grande do Sul, em 1942,[39] constitui outro momento do processo de concentração vertical: o aumento da produção de cigarros verificado na década de 1930 e as perspectivas de aumento constante do consumo suscitaram a criação desta nova unidade.

A divisão territorial do trabalho, no âmbito da Souza Cruz, já é nítida no final da década de 1940. Resulta ela dos processos de concentração horizontal e vertical, geradores de localizações específicas articuladas através de um centro de decisões.

A cidade do Rio de Janeiro configura-se como um centro de decisões no que se refere às operações do grupo BAT no Brasil. Acumula ainda a função de centro de concepção e criação de marcas de cigarros, como são exemplos as marcas Hollywood e Continental, criadas em 1931 e 1935,[40] respectivamente. É o fornecedor de grande parte das embalagens de cigarros para as outras fábricas, constituindo ainda centro produtor, consumidor e distribuidor de cigarros.

As cidades de Recife, Salvador, Belo Horizonte, São Paulo e Porto Alegre constituem centros de produção, consumo e distribuição de cigarros, enquanto Curitiba cumpre apenas esta última função. Outras cidades menores, dotadas, porém, de significativa centralidade, são focos de distribuição para hinterlândias menores: nelas localizam-se depósitos atacadistas pertencentes à própria Souza Cruz.

As cidades de Santa Cruz do Sul, Santo Ângelo e Lajeado são centros vinculados ao beneficiamento de fumo, delas seguindo a matéria-prima para as fábricas de cigarros. A primeira das três mencionadas cidades sobressai graças ao fato de sediar a Companhia Brasileira de Fumo em Folhas, ao volume do fumo produzido em sua hinterlândia e à presença da fazenda experimental de fumo.

Há, assim, como se refere Hymer,[41] uma rede de cidades-chave vinculadas, ainda que não exclusivamente, à Souza Cruz. Através da rede em pauta, verifica-se a integração territorial tanto da gestão como da produção.[42]

Em função do crescimento demográfico do país e do processo de modernização que implicou novos padrões de consumo, verificou-se, entre 1950 e 1970, o aumento absoluto e relativo do consumo de cigarros. Assim, segundo Nardi,[43] entre 1950 e 1970 a produção de fumo para o mercado interno ascendeu de 72.145 toneladas para 190.462 toneladas, implicando o aumento do consumo *per capita* de 1,39 tonelada para 2,02 toneladas. A participação dos cigarros e charutos, estes últimos com peso muito menor no consumo global, ampliou-se de 49,2% para 74,2% durante o período 1950-1970. Isto significou uma drástica redução do consumo de fumo de "corda", cuja participação decaiu de 50,8% em 1950 para 25,8% em 1970.[44]

Os aumentos anteriormente referidos, que em parte resultam de uma agressiva atuação da própria Souza Cruz, serão acompanhados de novos investimentos nas unidades já existentes e na criação de outras, incorporando novos centros e áreas rurais ao espaço da Souza Cruz. No período em tela, verifica-se ainda uma importante reestruturação administrativa da empresa.

O território catarinense é mais efetivamente incorporado ao espaço da Souza Cruz através da implantação de novas unidades de beneficiamento de fumo localizadas no vale do Itajaí e no sul do estado. Assim, em 1952, é instalada uma usina em Blumenau, enquanto em 1956 outra é implantada em Tubarão; em 1958, uma terceira é localizada em Brusque.[45]

O acesso ao mercado da região amazônica sempre foi problemático. Visando garantir o controle efetivo deste mercado, foi instalada em 1954 uma fábrica com filial de vendas em Belém, a metrópole regional; tratava-se da oitava fábrica que a Souza Cruz passava a possuir. A Amazônia começa, efetivamente, a ser incorporada ao espaço da Souza Cruz.[46]

O crescimento da empresa gerou a necessidade de sua reestruturação. Esta é uma característica do processo de expansão das empresas: a dispersão da atividade no espaço, via criação de filiais e subsidiárias e aquisição de empresas já existentes, ganha magnitude tal que implica uma reestruturação que culmina na centralização administrativa e em uma nova estrutura hierárquica. Assim, em 1955, verifica-se a transformação das subsidiárias vinculada à produção da matéria-prima principal e à produção gráfica em Departamento de Fumo e Departamento Gráfico, respectivamente. O primeiro, ao incorporar as atividades da Companhia Brasileira de Fumo e Folha, passa a controlar as usinas de beneficiamento de fumo, os postos de compra, a estação experimental e toda a orientação e assistência técnica e financeira aos produtores de fumo. O segundo passou a controlar as duas gráficas existentes.[47]

A Companhia de Cigarros Castellões, por outro lado, é também incorporada, tendo sido a fábrica paulistana transformada em filial da Souza Cruz.[48]

A expansão da Souza Cruz se fez também pela ampliação de seus depósitos atacadistas subordinados às filiais de vendas: deste modo, a empresa passou a participar de todas as etapas do processo produtivo de cigarros, implicando múltiplas localizações e diversificado padrão de interações espaciais. A Figura 1 é relativa a esta participação da Souza Cruz.

b) A estrutura locacional em 1960

As figuras 2 e 3 descrevem a estrutura locacional das atividades da Souza Cruz em 1960.[49] Descrevem os resultados do longo processo de concentrações horizontal e vertical pelos quais a Souza Cruz passou, assim como aqueles derivados da reestruturação administrativa verificada em 1955. A primeira figura reporta-se à compra e beneficiamento de fumo e à produção de cigarros, enquanto a segunda, à distribuição atacadista de cigarros

FIGURA 1
FLUXOGRAMA DO PROCESSO PRODUTIVO DE CIGARROS

	PRODUÇÃO DE FUMO EM FOLHA		BENEFICIAMENTO E INDUSTRIALIZAÇÃO		DISTRIBUIÇÃO			CONSUMO
					PRÓPRIA	INDEPENDENTE		
ETAPAS E AGENTES DO PROCESSO PRODUTIVO	UNIDADES DE ASSISTÊNCIA E ORIENTAÇÃO	PRODUTOR RURAL	USINA DE BENEFI-CIAMENTO	FÁBRICA DE CIGARROS	DEPÓSITO ATACADISTA	ATACADISTA	VAREJISTA	CONSUMIDOR
	●	▼	●	●	●	▼	▼	▼
LOCALI-ZAÇÃO TÍPICA	ZONAS DE PRODUÇÃO							
	LUGARES CENTRAIS	ÁREAS RURAIS ESPECIA-LIZADAS	LUGARES CENTRAIS	CENTROS DE MUITO ALTA CENTRALI-DADE	CAPITAIS REGIONAIS	LUGARES CENTRAIS INFRA-URBANOS E REGIONAIS	UBÍQUA	

● Cia. de Cigarros Souza Cruz ▼ Outros agentes

FIGURA 2

ESTRUTURA LOCACIONAL DO BENEFICIAMENTO DE FUMO E DA PRODUÇÃO DE CIGARROS DA COMPANHIA DE CIGARROS SOUZA CRUZ

1960

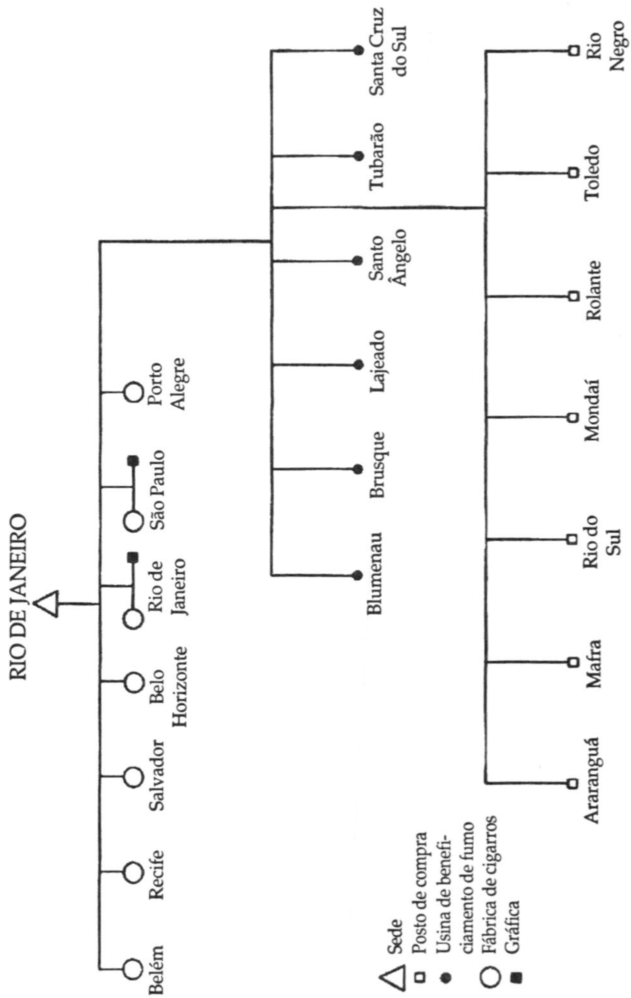

FIGURA 3
ESTRUTURA LOCACIONAL DA DISTRIBUIÇÃO DA COMPANHIA DE CIGARROS SOUZA CRUZ – 1960

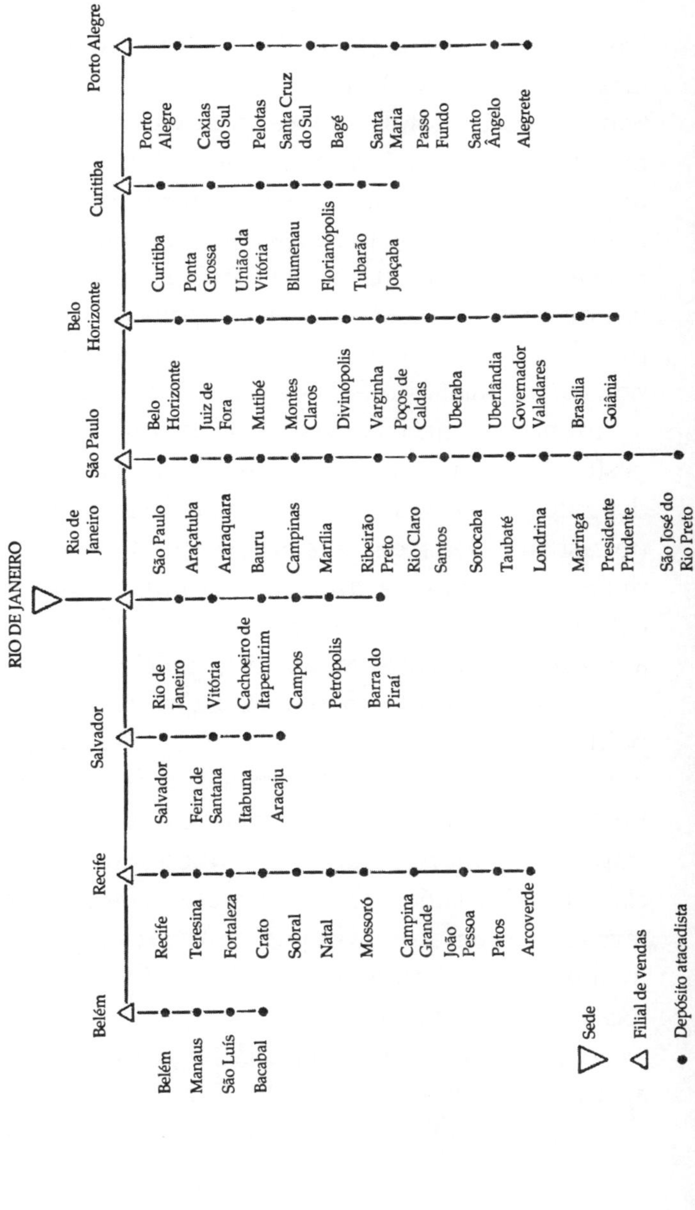

Em relação à produção, há uma ampla área produtora de fumo vinculada, ainda que não exclusivamente, à Souza Cruz. Estende-se ela pelas regiões em torno de Santa Cruz do Sul, Lajeado e Santo Ângelo, no Rio Grande do Sul, e Blumenau, Brusque e Tubarão, em Santa Catarina, onde se localizam usinas de beneficiamento de fumo. A área produtora estende-se ainda por outras regiões sulinas. Nestas, entretanto, não havia ainda uma escala de produção, seja absoluta, seja vinculada à Souza Cruz, suficiente para a implantação de usinas de beneficiamento, havendo apenas postos de compra. Localizam-se eles no sul catarinense (Araranguá) e no vale do Itajaí (Rio Grande do Sul), em áreas próximas a unidades beneficiadoras. Localizam-se também no oeste catarinense (Mondaí) e oeste paranaense (Toledo), distantes de usinas de beneficiamento e, especialmente no caso de Toledo, em área de recente valorização econômica. Localizam-se ainda na fronteira paranaense-catarinense (Rio Negro e Mafra) e em Rolante, antiga área de povoamento em território gaúcho.

A produção de cigarros localiza-se em centros metropolitanos nacionais, Rio de Janeiro e São Paulo, e regionais, como Belém, Recife, Salvador, Belo Horizonte e Porto Alegre. O espaço da produção de cigarros contrapõe-se assim ao espaço da produção, compra e beneficiamento da matéria-prima: enquanto este é concentrado territorialmente, com focos em centros pequenos e médios, aquele é disperso, privilegiando grandes pontos focais, as metrópoles.

A distribuição atacadista de cigarros, por sua vez, apresenta outra espacialidade. Caracteriza-se esta, primeiramente, pela dispersão e não pela concentração espacial, o que é, em regra, próprio do processo de distribuição. Dada, entretanto, a natureza do produto, de consumo muito freqüente, implicando alta rotatividade dos estoques, à dispersão acrescenta-se uma segunda característica. Trata-se da densidade, ou seja, os focos de distribuição, onde estão os depósitos atacadistas, originam uma densa rede de centros. Dispersão e densidade são, assim, características da espacialidade da distribuição atacadista de cigarros.

Há oito filiais de vendas — sete, onde se localizam as fábricas, e mais Curitiba — em centros metropolitanos: a grande centralidade de que dispõem justifica a localização neles de unidades de controle de vendas regionais. Cada uma das filiais de vendas controla um conjunto, maior ou menor, de depósitos atacadistas instalados em 68 cidades que, predominantemente, são de nível de capital regional. Cada uma delas, por sua vez, controla uma hinterlândia predeterminada, na qual se realiza a distribuição para pequenos atacadistas e varejistas. Há, na realidade, uma rede de localidades centrais no âmbito da Souza Cruz; esta empresa, por seu turno, através de sua atuação, reforça a centralidade global que essas cidades dispõem. Através da rede de 68 centros, a Souza Cruz atende cerca de 130.000 varejistas distribuídos por todo o país.[50]

Há que ressaltar dois pontos importantes a respeito da rede de distribuição da Souza Cruz. Primeiramente que ela, em termos espaciais, está organizada de modo desigual. Esta é a terceira característica da espacialidade da rede em pauta. A relativa ubiqüidade do consumo verifica-se superpostamente à desigual distribuição da população e da renda no território brasileiro, gerando mercados consumidores desiguais. Assim, se a filial de vendas de São Paulo conta com 15 centros atacadistas, e as de Belo Horizonte e Recife com 12 e 11, respectivamente, as filiais de Belém e Salvador contam, cada uma, com apenas quatro: revelam eles a desigualdade do mercado consumidor.

Uma primeira conseqüência da natureza desigual das redes regionais de distribuição vincula-se ao tamanho da área de mercado dos depósitos atacadistas: mais densa a rede, como no caso do estado de São Paulo, menor o tamanho da área de mercado. Esta constatação ratifica proposições da teoria das localidades centrais, tanto em Christaller[51] quanto em outros autores, como Berry e Barnum,[52] e tem respaldo em outras evidências empíricas relacionadas à temática das redes de distribuição de bens e serviços.

Uma segunda conseqüência diz respeito à freqüência da distribuição, isto é, a periodicidade com que é feita a renovação dos estoques do varejista. Hipotetiza-se que esta freqüência seja menor e que haja um número maior de pequenos atacadistas, intermediários entre o depósito atacadista e os varejistas, localizados no interior das hinterlândias dos centros controlados pelas filiais de Belém e Salvador. A mesma hipótese pode ser aplicada às hinterlândias das cidades excentricamente localizadas em face das respectivas áreas de mercado, como se exemplifica com Montes Claros e Presidente Prudente.

O segundo ponto a ser ressaltado refere-se aos limites da hinterlândia das filiais de vendas. Tendem a reproduzir com grande fidelidade os limites de ação global das metrópoles que sediam as filiais de vendas. Exemplifica-se com Belém atuando sobre São Luís e

Bacabal, e São Paulo sobre Londrina e Maringá, no norte paranaense. Como já se mencionou, a atuação da Souza Cruz não apenas reproduz a atuação global das metrópoles, como interfere sobre esta.

c) A continuidade da expansão

A acumulação de capital engendra a contínua expansão da produção e do consumo, implicando a intensificação das atividades nos espaços já integrados economicamente ou a conquista de novos espaços, ou ainda ambas. No aumento da produção e consumo de fumos e cigarros brasileiros, a Souza Cruz desempenhou papel preponderante, tendo como conseqüência um significativo impacto em seu espaço de atuação.

A produção de fumo para o mercado interno passou de 190.462 toneladas em 1970 para 259.575 toneladas em 1980, elevando o consumo *per capita* de 2,02kg para 2,12kg. O aumento absoluto deveu-se sobretudo à crescente participação do consumo de cigarros e charutos, especialmente daquele, em detrimento do consumo de fumo em "corda" que passou de 25,8% do consumo global em 1970 para 16,1% em 1980.[53] A produção de cigarros cresceu de 73 bilhões de unidades em 1970 para 143 bilhões em 1980 e 158 bilhões em 1988:[54] desta última cifra, cerca de 80%, conforme mencionado, foram produzidos pela Souza Cruz. A expansão que se verifica a partir de 1960 terá nítida dimensão espacial.

Na segunda metade dos anos 60, o embargo às exportações de fumo Virgínia, da antiga Rodésia do Sul, atual Zimbábue, então o segundo produtor mundial de uma matéria-prima cujo consumo se ampliava em detrimento dos fumos escuros, afetou o mercado internacional de fumo em folhas, inclusive o poderoso conglomerado BAT, detentor de parcela ponderável desse mercado.[55] Verificou-se a transferência do fornecimento da matéria-prima para outros países, entre eles o Brasil, que muito ampliou suas exportações de fumo Virgínia produzido nos estados sulinos. Neste processo, a Souza Cruz, vinculada ao conglomerado BAT, passa a desempenhar importante papel, resultando na ampliação de seu espaço de atuação, que inclui os países compradores de fumo em folha.

Em 1960, 80% das exportações brasileiras de fumo em folha foram de tipo escuro, produzido na Bahia, sobretudo na região do Recôncavo Baiano, e em Alagoas, na região agreste de Arapiraca. Em 1965, cerca de dois terços cabem ainda aos fumos escuros que, entretanto, representam 49% do total exportado em 1970. A partir de então, os fumos claros, do tipo Virgínia, dominam o mercado de exportação: em 1975, correspondem a 64% do total, alcançando 77% em 1980.[56] Em termos de valor, as exportações globais passaram de 31 milhões de dólares em 1970 para mais de 500 milhões em 1988.[57] A Souza Cruz, conforme já mencionado, é a maior empresa exportadora de fumo em folha do país. Iniciando suas exportações em 1969, em 1988 participou com cerca de 28% do valor total exportado; a Tabasa, empresa controlada pela *holding* do grupo Souza Cruz, por sua vez, participou com cerca de 7% do total, assegurando ao grupo cerca de 35% das exportações brasileiras de fumo.[58]

A expansão verificada na produção implicou o aumento produtivo em unidades fabris já estabelecidas, a aquisição e criação de outras unidades produtoras de cigarrilhas, fumo para cachimbo, fumo desfiado e cigarros, transformações nas atividades vinculadas às matérias-primas do cigarro, envolvendo a localização da produção e do beneficiamento e alterações na rede de distribuição atacadista.

Na esfera da produção industrial, a aquisição de empresas preexistentes aparece como uma das estratégias de expansão, estratégia esta já praticada no passado. Em 1967, é adquirida a Inducondor S.A. Indústria e Comércio, produtora de cigarrilhas, charutos, fumo para cachimbo e fumo desfiado. Criada em 1955 como subsidiária vinculada ao grupo Suerdieck, tradicional produtor de charutos do Recôncavo Baiano, possuía fábrica em Correias, no município fluminense de Petrópolis.[59] Sua aquisição e incorporação possibilitaram à Souza Cruz ingressar em outros segmentos do mercado, entre eles um mais sofisticado e predominantemente metropolitano, o de fumantes de cachimbo, e outro eminentemente rural, voltado em grande parte para as regiões de fronteira agrícola, o Norte e o Centro-Oeste, vinculado aos fumantes de cigarros preparados manualmente com fumo desfiado. Cobrir diferentes segmentos do mercado é outra meta de grande empresa, que passa, assim, a estabelecer concorrência com pequenos fabricantes especializados, entre eles os numerosos produtores de fumo desfiado de Arapiraca.

Outra estratégia é a criação de uma nova fábrica de cigarros. Trata-se da moderna unidade fabril de Uberlândia, no Triângulo Mineiro. A implantação desta unidade, em 1978, estrategicamente localizada em face dos crescentes mercados das regiões Centro-Oeste e Norte e, simultaneamente, podendo atender ao próprio mercado da Região Sudeste, revela a natureza da lógica espacial da Souza Cruz: acessibilidade aos mercados consumidores atuais e futuros. Esta acessibilidade foi verificada e estimada a partir de estudo no qual se evidenciaram as vantagens comparativas de Uberlândia em face das outras cidades, entre elas Uberaba e Ribeirão Preto.[60]

A instalação desta unidade fabril rompe o padrão locacional metropolitano das fábricas de cigarros Souza Cruz: a organização socioespacial brasileira assim o permite no final da década de 1970, bem como a escala do empreendimento fabril. Mais do que isto, a desvinculação ao padrão metropolitano aparece em 1980 com o fechamento da fábrica de cigarros de Belo Horizonte.

Em relação ao Departamento de Fumo, a expansão envolveu, de um lado, a transformação, em 1962, do posto de compras de Rio Negro em usina de beneficiamento.[61] De outro, o fechamento da usina gaúcha de Santo Ângelo, em 1972,[62] e a criação, em 1974, da usina de Pato Branco[63] no sudoeste paranaense. Mais tarde, esta última unidade, assim como a de Lajeado, será fechada. A estratégia locacional da Souza Cruz pós-1960 se fez, de um lado, com base no fechamento de usinas de beneficiamento localizadas em áreas onde a produção declinava ou não apresentava o crescimento esperado. De outro, com base na abertura de usinas estrategicamente localizadas, como é o caso da unidade de Rio Negro, acessível à crescente produção paranaense e junto a uma rodovia-chave em face da circulação no país. A Souza Cruz procurou, na realidade, acompanhar o movimento migratório que, originário das velhas regiões de colonização européia do Rio Grande do Sul, atingiu o oeste e o sudeste paranaenses a partir da década de 1950, ganhando ênfase na de 1960. Assim, em termos relativos, a produção de fumos Virgínia apresentou maior crescimento no estado do Paraná do que no de Santa Catarina e, especialmente, no do Rio Grande do Sul: crescimento, entre 1940 e 1980, de 50 vezes no Paraná, 20 vezes em Santa Catarina e cinco no território gaúcho.[64]

No processo de implantação e fechamento de unidades de beneficiamento de fumo, no qual a importância dos diversos lugares e regiões no âmbito da Souza Cruz é modificada, o estado de Santa Catarina, particularmente o vale do Itajaí, passou a constituir uma muito expressiva área fumicultora: em 1986, o estado foi responsável por 40,5% da produção nacional, enquanto as três microrregiões que compõem o referido vale por 12,5% do montante de fumo em folhas produzido no país.[65]

A importância da participação catarinense na produção de fumo levou a que em 1979 o Departamento de Fumo fosse transferido do Rio de Janeiro para Florianópolis, uma cidade centralmente localizada não apenas em relação às principais áreas produtoras, o vale do Itajaí e o sul catarinense, mas também em face dos três estados meridionais do país. E mais, em 1988 é implantada uma unidade regional em Chapecó, que atua nas porções ocidentais dos territórios catarinense e paranaense.

A importância do vale do Itajaí para a Souza Cruz, por outro lado, expressa-se pela sua atuação durante a década de 1980. Assim, implantou-se em Brusque uma central de estocagem de fumo cru, não-beneficiado, que desde 1989 começou a funcionar. Estabelece-se assim uma maior capacidade de estocagem que implica a regularidade ao longo do ano do fluxo de fumo para as usinas de beneficiamento do vale. Implica isto, por sua vez, a diminuição de um turno de trabalho durante os meses de janeiro a maio, período em que usualmente se realiza o beneficiamento de fumo. Através da absorção, em 1988, da Empresa Exportadora Catarinense de Fumo Ltda., de Timbó, com a incorporação de sua usina de beneficiamento, a Souza Cruz amplia sua capacidade produtiva e seu peso na economia estadual.[66]

Desde a década de 1950, tentativas foram realizadas pela Souza Cruz em Santa Cruz do Sul, Rio Negro e em Rio Pomba, Zona da Mata mineira, visando introduzir o fumo oriental, de folhas miúdas e empregado como aromatizador, na fabricação de cigarros. Na segunda metade dos anos 70, constatou-se que a região semi-árida oferecia condições ecológicas satisfatórias para o cultivo deste tipo de fumo. Introduzida pela Souza Cruz, sua cultura difunde-se nos sertões paraibano e potiguar, suscitando a criação em Patos, na Paraíba, de uma unidade regional encarregada da difusão, orientação agrícola, comercialização e beneficiamento das folhas de fumo.[67] Amplia-se, assim, o espaço de atuação da Souza Cruz, englobando, ainda que timidamente, a Região Nordeste. A expansão da produção de fumo e cigarros implicou a ampliação das atividades ligadas à pesquisa científica voltada diretamente para o aumento da produtividade, controle e melhoria da qualidade e criação de novos produtos: estas pesquisas têm como alvos, de um lado, os fumicultores e, de outro, a produção cigarreira.

Até 1973, estas atividades eram desempenhadas por duas unidades, uma localizada junto à fábrica de cigarros do Rio de Janeiro e a outra junto à usina de beneficiamento de fumo em Rio Negro. Em 1974, é criado um moderno Centro de Pesquisas e Desenvolvimento junto à fábrica carioca de cigarros. Possui dezenas de técnicos de nível superior, inclusive com doutoramento — engenheiros químicos, agrônomos, físicos, farmacêuticos etc. — e numeroso corpo de técnicos de nível médio.[68]

Em relação à distribuição atacadista de cigarros, a expansão assumiu dimensão ainda maior. Por se tratar de unidades em que se realizam atividades terciárias, que não representam grandes investimentos, como no caso das unidades fabris e de beneficiamento, e que são particularmente sensíveis às mudanças na distribuição espacial dos consumidores, verificou-se uma mais intensa transformação na rede de distribuição da Souza Cruz. A flexibilidade locacional é notável: o fechamento e a abertura das unidades de vendas se realizaram com grande freqüência. Isto revela a percepção que a grande empresa tem de seu espaço de atuação, percepção que está fundamentada na prática de vendas sistemáticas e muito freqüentes a dezenas e dezenas de milhares de varejistas distribuídos por todo o território nacional. À guisa de exemplificação, dos 68 centros que dispunham em 1960 de depósitos atacadistas,[69] 11 não mais os possuíam em 1971. Neste ano, em contrapartida, 15 outros centros urbanos não constantes da relação de 1960 aparecem como dispondo de depósitos atacadistas.[70]

A expansão do consumo na Região Centro-Oeste, submetida a um novo processo de valorização a partir de uma retomada do povoamento e de uma mais efetiva integração à economia industrial do país, suscitou importantes implantações de unidades da rede de distribuição da Souza Cruz. Assim, em 1962, é criada a filial de vendas de Goiânia visando desafogar a atuação da filial de Belo Horizonte.[71] Depósitos atacadistas são, por outro lado, também implantados. Já em 1960, é criado um depósito em Brasília,[72] seguindo-se os de Campo Grande e Cuiabá, em 1966.[73] Mais tarde, em 1970, instala-se uma filial de vendas na capital federal, implicando o fechamento da filial de Goiânia.[74]

Filiais de vendas são instaladas em Fortaleza e em Campinas. No primeiro caso, a instalação se dá em 1971, desafogando a atuação da filial de Recife. Mais tarde, entretanto, a unidade cearense será desativada, e os mercados do Ceará, Piauí e Maranhão serão atendidos pela filial de vendas de Belém.[75] A expansão do consumo no interior paulista levou à criação, em 1974, da filial de vendas de Campinas. Trata-se de uma descentralização visando desafogar a distribuição da filial paulistana. A unidade de Campinas atende ao interior paulista e o Mato Grosso do Sul, que constituem o terceiro mercado consumidor da Souza Cruz após os das metrópoles de São Paulo e Rio de Janeiro.[76]

No processo de expansão da rede de depósitos atacadistas, as novas áreas agrícolas são alvos de novas instalações. Assim, já em 1957, são criados os depósitos de Pedreiras, no vale do Mearim, no Maranhão, e de Cascavel, no oeste paranaense.[77] Em 1962, a cidade de Pato Branco, por sua vez, é contemplada com um depósito atacadista.[78]

A estratégia locacional da Souza Cruz inclui, assim, a conquista do mercado consumidor em sua formação, como que se antecipando à sua plenitude. A antecipação é evidenciada no caso de Brasília: desde 1957, os veículos da Souza Cruz, através dos quais se efetiva a distribuição de cigarros, começam a visitar a futura capital federal, então um canteiro de obras.[79] Também no caso de

Imperatriz, no Maranhão, a antecipação é muito clara: em 1971, é ali implantado um depósito atacadista visando capturar o mercado que se formará na região oriental do Pará, especialmente em função da abertura da Rodovia Transamazônica e da política de povoamento que a acompanharia.[80]

A expansão da rede de distribuição se dá também visando os centros localizados em áreas já ocupadas e com expressivo nível de demanda. Mas não são tão numerosas em razão do aumento da acessibilidade, que aparece como um elemento que minimiza a dispersão espacial. Faz-se também na Amazônia, através da implantação, em 1973, de depósitos atacadistas em Rio Branco, no Acre, em Boa Vista, Roraima e, anteriormente, em Porto Velho, entre outros centros.[81]

d) A estrutura locacional em 1989

A estrutura locacional da Souza Cruz ao final da década de 1980 não foi, como já se indicou, implantada em uma única vez. Nem foi gerada a partir de uma simples acumulação de decisões locacionais anteriores. Ao contrário, no processo de sua implantação, verificou-se a criação de unidades que foram posteriormente fechadas. Deste modo, a estrutura locacional de 1989 resulta de um processo de expansão extremamente complexo, não-linear e que se apoiou na continuidade das concentrações horizontal e vertical.

A Figura 4 refere-se à estrutura locacional da produção de fumo vinculada à Souza Cruz. Diz respeito, portanto, ao espaço de atuação do Departamento de Fumo.

FIGURA 4
ESTRUTURA LOCACIONAL DA PRODUÇÃO DE FUMO VINCULADA À SOUZA CRUZ
1989

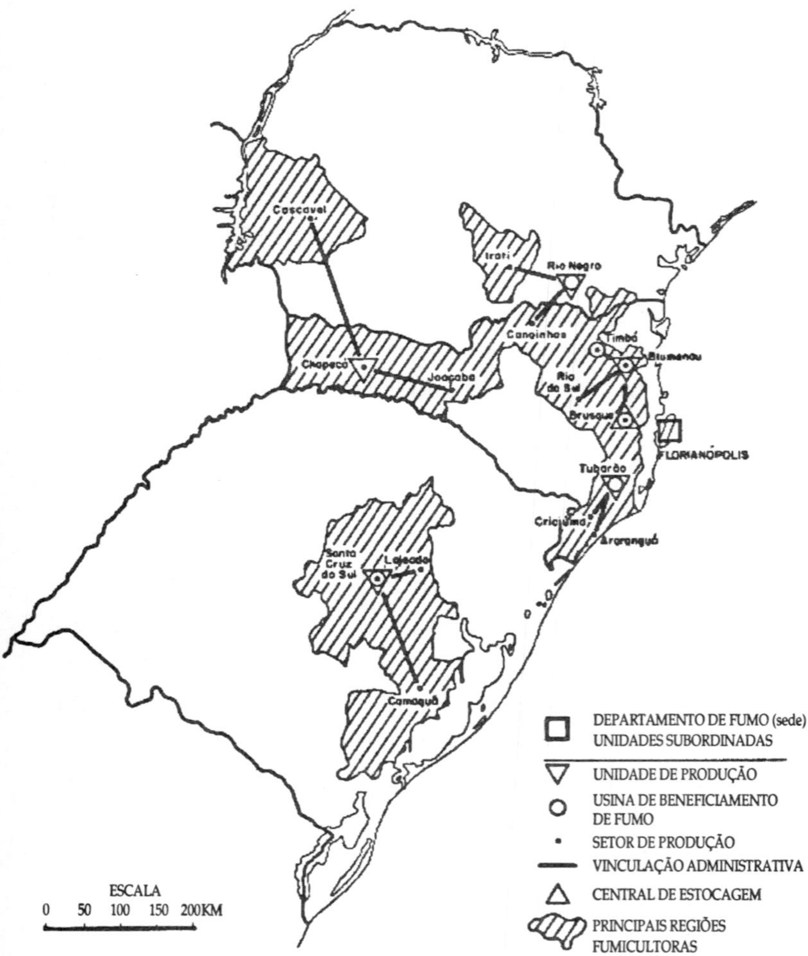

FONTE: PAM-IBGE (1986) E CIA. DE CIGARROS SOUZA CRUZ.

Nela estão indicadas as principais regiões fumicultoras, um conjunto de 19 microrregiões não contiguamente localizadas, responsáveis por 73,1% das 390.000 toneladas de fumo em folha produzidas no país em 1986. Cada uma das microrregiões consideradas, por sua vez, participa, pelo menos, com 1% da produção nacional.[82]

As regiões fumicultoras distribuem-se pelos três estados sulinos. No Rio Grande do Sul, abrange as regiões de Santa Cruz do Sul, da margem ocidental da Lagoa dos Patos e dos vales do Jacuí, em seu baixo curso, e Taquari. Em Santa Catarina, compreende sua porção meridional, o vale do Itajaí, o planalto catarinense em sua porção norte, o vale do rio do Peixe e o oeste. No Paraná, finalmente, abrange sobretudo o oeste e a região de Irati.

No âmbito da Souza Cruz, estas regiões são comandadas por Florianópolis, sede do Departamento de Fumo. Nelas localizam-se as *unidades de produção*, encarregadas de centralizar o controle das operações de produção de uma dada região. Cada uma delas está, em regra, associada a uma usina de beneficiamento de fumo, como ocorre com as unidades de Santa Cruz do Sul, Tubarão, Blumenau e Rio Negro. A unidade de Chapecó, criada em 1988, não possui usina de beneficiamento. Há, por outro lado, duas usinas, localizadas em Brusque e Timbó, que não estão associadas à presença de *unidades de produção.*

O espaço de atuação do Departamento de Fumo engloba ainda a unidade localizada em Patos, no sertão paraibano.

Cada uma das cinco unidades sulinas, por sua vez, subordina dois ou três *setores de produção*, bases efetivamente operacionais vinculadas ao processo produtivo do mundo rural: a agricultura contratual do fumo está diretamente dependente destes setores. As cidades de Santa Cruz do Sul, Blumenau e Chapecó acumulam as funções de unidades e setores, enquanto Tubarão e Rio Negro não. Brusque e Timbó, por outro lado, que possuem usinas de beneficiamento, dispõem também de *setores de produção*. Já Lajeado, que no passado possuía usina de beneficiamento, no final dos anos 80 detinha apenas um *setor de produção*.

A estrutura locacional vinculada à produção de fumo é, assim, complexa, comportando um conjunto articulado e hierarquizado de atividades, como a orientação e assistência agrícola, comercialização, estocagem e beneficiamento de fumo. É também desigual, pois as atividades combinam-se de modo diferenciado no interior do espaço de atuação do Departamento de Fumo. Compare-se a este respeito a combinação de atividades em Blumenau, Brusque, Tubarão e Chapecó. Esta desigualdade, contudo, é funcional aos propósitos da Souza Cruz.

Na estrutura locacional, dois centros destacam-se dos demais. São eles: Santa Cruz do Sul e Blumenau, pontos focais de duas importantes regiões produtoras de fumo. As atividades ali concentradas visam, como no caso dos demais centros, ao mercado interno, expedindo-se o fumo beneficiado para as fábricas de cigarros, mas também para o mercado externo, neste caso sendo o fumo encaminhado sobretudo para Rio Grande e Itajaí, os principais portos exportadores de fumo em folha do país, responsáveis em 1988 por cerca de 85% do valor das exportações brasileiras de fumo.[83]

A Figura 5, por sua vez, descreve a estrutura locacional da distribuição de cigarros em 1989. Derivada daquela existente em 1960, nela foram introduzidas modificações visando atualizar a considerada eficiência da distribuição de um produto de elevada rotatividade de estoques.

No ápice da estrutura está o Departamento de Vendas, localizado junto à sede da empresa no Rio de Janeiro. Subordina dois Escritórios Regionais de Vendas, um em São Paulo e outro em Recife. Intermediários entre o Departamento de Vendas e as filiais de vendas, os dois escritórios foram implantados em 1989, sendo o resultado de um ajuste em uma estrutura administrativa de mesmo nível hierárquico, constituída por três Gerências Regionais Administrativas, localizadas em São Paulo, Recife e Rio de Janeiro. O escritório de São Paulo controla cinco filiais de vendas localizadas em Porto Alegre, Curitiba, Campinas, Rio de Janeiro e na própria metrópole paulistana, enquanto o de Recife, as filiais de vendas de Belém, Salvador, Belo Horizonte, Brasília e da própria capital pernambucana. Trata-se, portanto, de uma rede de distribuição que, em seus escalões mais elevados, está organizada com base nos principais centros urbanos do país.

A criação das filiais de Campinas e Brasília, que se verifica após 1960, representa uma fragmentação das áreas de mercado das filiais de vendas de São Paulo e Belo Horizonte, respectivamente. A criação delas reflete, de um lado, a intensificação de uma demanda já muito expressiva, como é o caso relativo à filial campineira, e, de outro, o aparecimento de um patamar de demanda capaz de, como no caso anterior, justificar a criação de uma filial de vendas em Brasília, que, assim, fragmenta uma área de mercado previamente existente.

FIGURA 5
ESTRUTURA LOCACIONAL DA DISTRIBUIÇÃO DE CIGARROS DA SOUZA CRUZ
1989

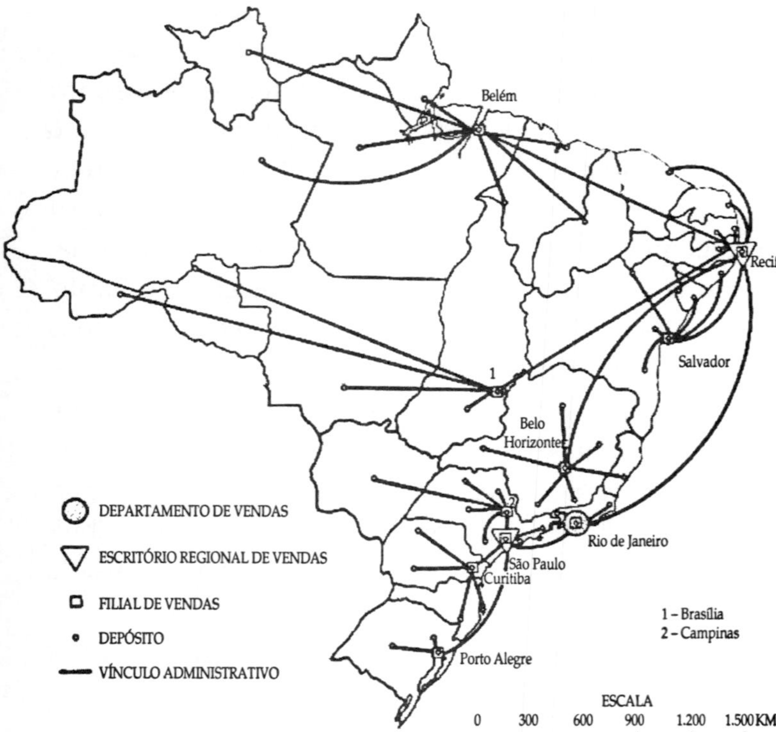

FONTE: SOUZA CRUZ[83]
Perfil da Indústria de Fumo
- ABIFUMO, Rio de Janeiro, 1980.

O interior paulista — menos o vale do Paraíba e a Baixada Santista, vinculados à filial de vendas de São Paulo — e o território sul mato-grossense, subordinados à filial de Campinas, constituem, conforme já referido, o terceiro mercado consumidor de cigarros do país. Para este mercado, Campinas desempenha papel igual ao de Belo Horizonte e Curitiba, cidades que, pelas funções que exercem, são metrópoles regionais incontestes. A filial de Brasília, por sua vez, representa não apenas um potencial que se concretizou — consubstanciado no próprio mercado brasiliense, de Goiânia, Anápolis e centro-sul goiano —, mas também perspectivas promissoras em face do processo de valorização do Centro-Oeste e da porção meridional da Amazônia.

Comum às duas filiais está sua posição excêntrica em face das respectivas áreas de mercado: trata-se de um padrão dendrítico de localização, clássico da rede urbana brasileira e que é recriado no final do século XX.

Alterações menores foram também verificadas nas áreas de mercado das demais filiais de vendas já existentes em 1960. Não se trata de fragmentação, mas de ajustes no que se refere à perda ou ao ganho do controle de um ou mais depósitos. Ajustes que, entretanto, implicam mudanças relativas à área de mercado. Assim, a filial de vendas de São Paulo perde o depósito localizado em Maringá, no norte paranaense, para a filial de Curitiba. De modo semelhante, o depósito de Vitória deixa de ser subordinado ao Rio de Janeiro, em favor da filial da capital mineira. O depósito situado em Teresina, por sua vez, integra-se à rede regional de Belém, deixando de vincular-se à rede controlada por Recife.

Foi no escalão inferior da rede de distribuição, em que se situam os depósitos, que as alterações foram mais intensas. De 1960 a 1989, o número de centros que dispõem de pelo menos um depósito caiu de 68 para 52. Esta diminuição, no entanto, não pode ser interpretada como perda de atuação espacial da Souza Cruz: ela é o resultado de um processo de criação e extinção de depósitos que, se no conjunto levou a uma diminuição, em termos espaciais, entretanto, realizou-se de modo desigual.

No bojo do processo de criação e extinção de depósitos, o espaço de atuação direta da Souza Cruz ampliou-se. Assim, foram criados depósitos localizados em regiões nas quais em 1960 a distribuição de cigarros se fazia através de intermediários independentes, via lojas-balcão — unidades de vendas com mínima capacidade de estocagem e limitado alcance espacial — ou de modo muito precário. São exemplos os depósitos das regiões amazônica e Centro-Oeste, localizados em Imperatriz, Macapá, Santarém, Boa Vista, Porto Velho, Rio Branco e Cuiabá. No conjunto das áreas de mercado das filiais de vendas de Belém e Brasília, o número de centros com pelo menos um depósito passou de seis para 13. O aumento do mercado consumidor e da acessibilidade rodoviária iriam demandar e viabilizar a implantação de novos depósitos na Amazônia e na Região Centro-Oeste. Se a expansão rodoviária implicou a difusão de depósitos nas áreas de mercado de Belém e Brasília, nas regiões Nordeste, Sudeste e Sul o efeito foi oposto. A expansão rodoviária levou à redução do número de centros com depósitos: de 62 para 39. A redução em tela implica o maior espaçamento entre os centros e, conseqüentemente, a ampliação da área de mercado de cada depósito. Em contraposição, contudo, verifica-se a superação da distância pelo tempo graças às mais eficientes condições de circulação.

A redução do número de centros com depósitos, por outro lado, se fez de modo desigual, tendo sido muito significativa nas áreas de mercado das filiais de vendas de Porto Alegre — de nove para três centros —, Recife — de 11 para seis —, Rio de Janeiro — de seis para três — e no interior paulista, onde o número de centros passou de 13 para oito.

A redução afetou particularmente as capitais regionais, como se exemplifica com Crato, Mossoró, Uberaba, Ponta Grossa, Blumenau, Pelotas, Passo Fundo, Araçatuba, Araraquara, Marília e Presidente Prudente. Esta redução, ao que tudo indica, insere-se no processo geral de redução da função de distribuição atacadista que afetou a rede urbana brasileira a partir da ampliação da circulação rodoviária verificada após 1960.

No processo de alteração da rede de depósitos, verificou-se, em alguns casos, a substituição de um centro por outro proximamente localizado, que passou a centralizar um mercado consumidor maior. Assim, o depósito de Barra do Piraí é fechado, e aberto outro em Volta Redonda; o depósito de Taubaté é substituído por um localizado em São José dos Campos. Trata-se, nestes casos, de um ajuste locacional à procura de maior eficiência.

A criação de novos depósitos, como se vê, esteve incluída no processo de criação e extinção dessas unidades de distribuição atacadista da rede da Souza Cruz. As criações após 1960 privilegiaram cidades dotadas de expressiva centralidade. Trata-se de capitais regionais, como Caruaru, Juazeiro, Maceió e Lages. O depósito de Cascavel, por sua vez, foi implantado no bojo da transformação de um modesto centro do oeste paranaense, pioneiro para uma próspera capital regional.

A rede de depósitos atacadistas da Souza Cruz infiltra-se pelo espaço das regiões metropolitanas que apresentaram grande complexidade de organização espacial e os mais elevados níveis de demanda. Assim, na região metropolitana de São Paulo, há oito depósitos distribuídos pela capital — Mooca, Itaquera, Barra Funda, Jabaquara, Butantã e Limão — e nos municípios de Santo André e Guarulhos. A metrópole carioca possui cinco depósitos, dois na cidade do Rio de Janeiro, nos bairros de Madureira e Rio Comprido, e três nos municípios metropolitanos de Duque de Caxias, São Gonçalo e Petrópolis.

Entre as metrópoles regionais, infiltra-se pelo espaço urbano de Porto Alegre e Belo Horizonte. Em ambos há dois depósitos, um na capital e outro em um município integrante da região metropolitana. Em Porto Alegre, um depósito localiza-se no bairro de Navegantes e outro no município de São Leopoldo; em Belo Horizonte, um depósito está localizado no bairro da Pampulha e outro no município de Contagem.

Em todos os quatro exemplos metropolitanos, os depósitos, que se associam a uma atividade fortemente consumidora de espaço, localizam-se fora do núcleo central de negócios de cada uma das metrópoles, onde o preço da terra é muito elevado. Sua localização representa uma lógica locacional referenciada às elevadas densidades demográficas próprias do espaço metropolitano e, em muitos casos, a uma centralidade secundária no âmbito metropolitano.

A análise da estrutura locacional da Souza Cruz em 1989, assim como em 1960, coloca em questão um tema muito discutido na Geografia e em outras ciências que se interessam pela organização espacial da sociedade. Trata-se do alegado papel do capital em homogeneizar o espaço a partir de sua atuação. Como se pode verificar, o espaço da Souza Cruz é desigual, isto é, ao organizá-lo para si, ela o faz de modo diferenciado, localizando desigualmente suas diversas atividades, que possuem, cada uma, uma lógica locacional própria: ora elas se repetem em numerosos lugares, como se exemplifica com os depósitos atacadistas, ora uma delas confere a uma dada área uma especialização produtiva, como é o caso da fumicultura em Santa Cruz do Sul, ora ainda algumas atividades concentram-se em alguns lugares — fábrica de cigarros, filial de vendas e depósito atacadista —, atribuindo aos lugares e áreas um papel diferenciado qualitativa e quantitativamente na organização espacial da empresa e do país.

Esta desigualdade espacial contém uma racionalidade que, se não é absoluta, serve aos propósitos da acumulação capitalista.[84]

E, na medida em que a organização global do espaço resulta, em grande parte, da superposição de numerosas organizações espaciais específicas às grandes empresas e corporações, o resultado é a global desigualdade espacial.

III — A Diversificação: Novos Ramos e Empresas

A diversificação de uma empresa traduz-se, de um lado, em novas atividades que, no plano funcional, não estão necessariamente vinculadas entre si. De outro, na criação ou absorção de empresas que se tornam subsidiárias — controladas ou coligadas — de uma *holding*, a empresa original ou que foi especialmente criada para coordenar o conglomerado que emerge. De outro, ainda, pela difusão espacial dessas atividades, implicando a ampliação do espaço de atuação da antiga empresa. A diversificação constitui, na realidade, um processo que historicamente é mais recente que os de concentrações horizontal e vertical.

A diversificação resulta da tentativa de retomar uma taxa de lucro mais elevada que, em virtude da massa de recursos investigados e do crescente custo da força de trabalho nos denominados países ou regiões centrais, se apresenta em declínio, afetando assim o processo de acumulação capitalista. O investimento em atividades rentáveis, novas no âmbito da empresa e localizadas sobretudo em áreas onde o custo da força de trabalho é mais baixo, é uma estratégia corrente no bojo da dinâmica da acumulação capitalista.[85]

Em relação ao grupo Souza Cruz, a diversificação insere-se na estratégia do conglomerado BAT, do qual é parte integrante. Trata-se, na realidade, de uma diversificação referenciada à acumulação de capital de um conglomerado que tem múltiplos interesses que envolvem diferenciais de mercados consumidores e de produção de matérias-primas, assim como de custos de força de trabalho e situação política.

No plano geográfico, a diversificação significa a expansão do espaço de atuação da Souza Cruz, incluindo novas e diferentes localizações e interações. Estas se fazem não apenas com outras empresas e grupos, mas também entre as empresas componentes do grupo, pois, como se verá, trata-se de um caso particular de diversificação. Esta, por sua vez, implica um processo de segmentação, isto é, criação de diferenças entre as empresas da corporação no que se refere ao nível de desenvolvimento tecnológico, ao papel desempenhado na divisão do trabalho no âmbito da corporação, bem como à participação no processo de acumulação de capital.[86]

Em 1973, a Companhia de Cigarros Souza Cruz passa a denominar-se Companhia Souza Cruz Indústria e Comércio.[87] Esta alteração enquadrava-se na política de diversificação da empresa, formalmente decidida em 1971.[88] A partir de então, começa a se constituir o grupo Souza Cruz. O Quadro 2 reporta-se à composição do grupo em 1988.[89] Resulta ele de um processo que envolveu a aquisição e a criação direta, ou através de associação com outros grupos, de empresas que, efetivamente, transformaram a empresa produtora de cigarros em poderoso grupo econômico.

O grupo Souza Cruz é constituído por 14 empresas que podem ser distribuídas nos ramos fumo e cigarro, papel e celulose, sucos e produtos correlatos, outros ramos e apoio e serviços. É significativo apontar que o ramo fumo e cigarros concentra apenas 31% do ativo total, indicando a magnitude da diversificação. Por outro lado, é conveniente indicar que 14% do ativo total

QUADRO 2
GRUPO SOUZA CRUZ

HOLDING	EMPRESA CONTROLADA	EMPRESA COLIGADA	PERCENTUAL DA *HOLDING*	RAMO DE ATIVIDADE	PERCENTUAL DO ATIVO TOTAL
COMPANHIA SOUZA CRUZ INDÚSTRIA E COMÉRCIO	SOUZA CRUZ		100	FUMO E CIGARROS	31
	TABASA		70		
		ARACRUZ	30	PAPEL E CELULOSE	31
	PIRAHY		100		
	MAGUARY		100	SUCOS E PRODUTOS CORRELATOS	10
	SULAVAN		100		
		POLO	49	OUTROS RAMOS	3
	BUIPLANTA		95		
	PLURIMARCA		100		
	FLORESTAL		100	APOIO E SERVIÇOS	11
	ELDOCOR		100		
	CLEB		100		
	TRADING		100		
	DISTRIBUIDOR		100		

FONTE: Relatório Anual, 1988.

se refere a investimentos em atividades não operacionais, isto é, investimentos financeiros. Convém apontar ainda que no processo de diversificação a Companhia de Cigarros Souza Cruz foi, no plano formal, recriada em 1981, passando a Companhia Souza Cruz Indústria e Comércio a constituir *holding* do grupo.[90]

No processo de diversificação, dois empreendimentos foram iniciados e em pouco tempo encerrados, em virtude de não terem apresentado remuneração considerada compatível. No ano de 1972, foram comprados 60% das ações dos Supermercados Peg-Pag S.A. e de sua subsidiária, a Sociedade Anônima de Empreendimentos e Bens — SAEB. Foi incorporada uma rede de 25 supermercados localizados na cidade de São Paulo e 11 na do Rio de Janeiro; um hipermercado em São José dos Campos foi também incorporado.[91] Em 1973, inicia-se a expansão, criando-se outro supermercado em Londrina;[92] em 1975, dois outros são criados, um na metrópole paulista e outro na carioca.[93]

A expansão que se previa incluiu uma associação em 1976 com o grupo francês Euromarché, originando a empresa Hipermercados Brasileiros Ltda., que passou a administrar o hipermercado de São José dos Campos.[94] Esta expansão, contudo, assim como o interesse pelo ramo de supermercados, cessou em 1978, tendo sido todo o acervo vendido ao grupo Pão de Açúcar,[95] atualmente o maior do país no referido ramo.

O outro empreendimento foi aquele envolvendo a empresa Santa Mônica Industrial S.A. — Samisa. Em 1973, a Souza Cruz adquiriu 72% do capital desta empresa, sediada em Extremoz, no Rio Grande do Norte, dedicada à piscicultura. Seu controle enquadrava-se em plano visando à ampliação da cultura e exportação de camarões,[96] em atividade que a Souza Cruz, estimulada pela Sudepe, vinha investindo desde 1972 através do Laboratório de Maricultura, localizado em Pedra de Guaratiba, no Rio de Janeiro.[97]

O empreendimento foi considerado economicamente inviável, e a experiência, encerrada em 1977,[98] sendo todo o acervo da Samisa doado à Universidade Federal do Rio Grande do Norte,[99] que criou um centro de pesquisas sobre a flora e fauna marinhas.

a) Ramos fumo e cigarros e celulose e papel

A participação crescente da Souza Cruz no mercado internacional de fumo em folha levou o grupo a ampliar sua atuação visando à obtenção de maior volume de matéria-prima. Neste processo, a *holding* adquiriu, em 1985, 70% das ações da Ligget & Myers do Brasil, empresa que atuava no país exportando fumo e folhas. Os restantes 30% foram adquiridos pela Verafumos Comércio e Indústria Agrícola de Fumos e Cereais, empresa da região fumicultora gaúcha. Nasce então a Tabacos S.A. — Tabasa, uma subsidiária especializada, no âmbito do grupo, no setor de fumo em folha, visando, exclusivamente, o mercado externo.[100]

Com sede em São Paulo, a Tabasa possui usinas de beneficiamento de fumo em Venâncio Aires, na região do fumo no Rio Grande do Sul, Indaial, no vale do Itajaí, Araranguá, no sul catarinense e em Palmitos, no oeste de Santa Catarina.[101] Sua atuação espacial se faz assim nas mesmas áreas onde atua a Companhia de Cigarros Souza Cruz, reforçando a ação do grupo.

O ramo celulose e papel é, ao final dos anos 80, tão importante para o grupo Souza Cruz quanto o ramo fumo e cigarros; cada um representa 31% do ativo total do grupo. Esta importância vincula-se à participação da Souza Cruz na empresa Aracruz Celulose S.A., uma empresa coligada, e ao controle sobre a Companhia Industrial de Papel Pirahy.

A Pirahy está funcionalmente associada à Souza Cruz desde a década de 1930, inserindo-se, na realidade, no processo de concentração vertical da companhia de cigarros. Localizada na vila de Santanésia, no município fluminense de Piraí, desde 1927 produzia papéis para impressão em geral, inclusive de jornais, e de outros tipos. Empresa de capitais nacionais, em 1933 foi adquirida pela firma Fonseca e Pires Ltda., que fazia parte do grupo BAT. Ampliada e adaptada, passou a produzir desde 1936, entre outros tipos de papéis, aquele que enrola o fumo do cigarro.[102]

No processo de expansão da Souza Cruz, a Pirahy também se expande. Inicialmente, utilizava trapos de tecidos como matéria-prima para a celulose do papel de cigarro: a proximidade de Santanésia à metrópole carioca garantia o acesso fácil e abundante a um insumo que a grande cidade é capaz de gerar em apreciável escala.

O aumento constante da produção de cigarros, entretanto, impunha outra solução. Pesquisas realizadas na fábrica indicaram ser a palha do linho uma boa matéria-prima para a celulose. Em meados da década de 1940, a Pirahy instala uma filial em São Borja, em território gaúcho. Visava ela incentivar o cultivo do linho para comprar a palha, beneficiá-la, enfardá-la e transportá-la para a fábrica de Santanésia.

Outra filial foi posteriormente instalada na cidade de Ijuí, no Rio Grande do Sul.[103]

Deste modo, o espaço de atuação da Souza Cruz amplia-se, incluindo os núcleos urbanos de Santanésia, São Borja e Ijuí.

A continuidade do aumento da produção de cigarros, associada à diminuição da cultura do linho no Rio Grande do Sul, levou à implantação, em 1966, em Piracicaba, no interior paulista, do Departamento Agrícola, encarregado da difusão da cultura da crotolária, uma fibra semelhante ao cânhamo-da-índia, da qual se obtém a celulose para a fabricação do papel de cigarro. Este empreendimento implicará a desativação, em 1970, da estrutura vinculada à palha de linho localizada no território gaúcho.[104]

A Pirahy, entretanto, produz papéis para outros fins. Além daqueles para a indústria cigarreira, sua produção inclui papéis para impressão (ofsete, tipográfico, fotogravura, cuchê), para cópia xerox e heliográfica, cartões e cartolinas, para uso em escritório, para etiquetas autoadesivas, para cheques, papéis isolantes utilizados em cabos elétricos e telefônicos, e para outros fins mais.[105]

Sempre vinculada ao grupo BAT, em 1962 passou a integrar, no plano formal, o conjunto das empresas da Wiggins Teape Oversea Limited e, a partir de 1984, o conjunto das empresas da Companhia Souza Cruz Indústria e Comércio, para a qual foram transferidos 100% do capital.[106]

Em 1988, situou-se em 11º lugar entre as empresas do ramo celulose e papel, empregando cerca de 1.500 pessoas.[107] Sua sede social situa-se em Santanésia.

No ramo papel e celulose, contudo, a principal empresa do grupo é a Aracruz Celulose S.A., uma empresa coligada, isto é, cuja participação acionária da Souza Cruz é inferior a 50%. A *holding* detém, na realidade, cerca de 28% do capital, o restante estando dividido entre o Banco Safra, o grupo Lorentzen, cada um com cerca de 28% também, e o Banco Nacional de Desenvolvimento Econômico e Social, que detém cerca de 12% do capital. A sede da Aracruz localiza-se na metrópole carioca.

Criada em 1967 com o plantio das primeiras árvores, a partir de 1974 passou a contar com a participação da Souza Cruz,[108] então no início de seu processo de diversificação.

Em 1978, é inaugurada a fábrica de celulose branqueada, matéria-prima para papéis de alta qualidade.[109] A crescente produção destina-se sobretudo ao mercado externo: em 1989, foram produzidas cerca de 500.000 toneladas de celulose branqueada, das quais cerca de três quartos destinados à exportação.

Com previsão para produzir um milhão de toneladas de celulose, trata-se de um grande empreendimento integrado, localizado no município capixaba de Aracruz, não muito distante de Vitória. A integração inicia-se com a produção da matéria-prima: conta a Aracruz com cerca de 100.000ha plantados com eucaliptos. Possui ainda um centro de pesquisa e um porto próprio localizado em Barra do Riacho, município de Aracruz.[110] Empregando mais de 7.500 pessoas, a Aracruz possui sua própria *com-*

pany town, o núcleo de Coqueiral. A concentração vertical da empresa em tela vai traduzir-se em um muito proeminente papel que desempenha na gestão do território do município de Aracruz.

A Aracruz Celulose S.A. representa, na realidade, investimentos visando a produção de matéria-prima barata, com base, de um lado, nas condições ecológicas tropicais que, graças à forte insolação, garantem grande produtividade expressa pela rapidez do crescimento do eucalipto e, de outro, pelo baixo custo da força de trabalho. Por outro lado, o conglomerado BAT controla, como já se indicou, inúmeras empresas produtoras de papel localizadas em numerosos países, interessando-lhe, portanto, que a Souza Cruz, a ele subordinada, participe do processo de produção de celulose branqueada. Mas como se verá, a produção da Aracruz destina-se também ao mercado brasileiro, abastecendo de matéria-prima a fábrica de papel da Companhia Industrial de Papel Pirahy.

b) O ramo de sucos de frutas e produtos correlatos

No processo de diversificação de suas atividades, a Souza Cruz investiu no ramo de sucos de frutas e produtos correlatos. Duas empresas respondem por este ramo: a Suvalan — Companhia de Produtos de Frutas — e a Indústria Alimentícia Maguary S.A.

A Suvalan foi criada em 1974 e suas operações iniciaram-se efetivamente em 1976. Sua criação resultou de investimentos da Souza Cruz, que integralizou 88% do capital, da empresa norte-americana Welch Foods, com

10%, e da Cooperativa Vinícola Aurora, que participou com apenas 2%.[111] Trata-se, na realidade, da entrada da Souza Cruz em um setor para o qual necessitava contar com a experiência, de um lado, da Welch Foods, empresa que já tinha domínio no setor em questão, e, de outro, da Cooperativa Vinícola Aurora: através desta última, a Suvalan passou a ter acesso inicial à produção de uva, uma das matérias-primas que utiliza em grande escala. A Souza Cruz controla atualmente 100% do capital da Suvalan.

Sua sede localiza-se em Porto Alegre, enquanto a fábrica está no município gaúcho de Bento Gonçalves; possui ainda um escritório administrativo na metrópole paulista.

A Suvalan produz sucos concentrados de laranja, limão, maçã e uva, e ainda óleo de laranja. Esta produção destina-se tanto à exportação como ao mercado interno, constituindo matéria-prima para a indústria de produtos alimentícios e bebidas. A partir dos resíduos de uva, isto é, o bagaço e os caroços, produz ácido tartárico, bitartarato de potássio, tartarato de sódio e potássio, e óleo de semente de uva.

Esta produção constitui matéria-prima para as indústrias alimentícias (massas e geléia), de bebidas, farmacêutica, de sabonetes e de cosméticos. Do resíduo da semente de uva produz, adicionalmente, uma ração animal.[112]

A escala de operações da Suvalan, envolvendo mais de 35.000 toneladas de uvas processadas anualmente, permitindo-lhe tornar-se o maior exportador brasileiro de suco concentrado de uva, e mais de 70.000 toneladas de laranja, implica a necessidade de organizar a produção das diversas matérias-primas. A Suvalan estabeleceu então uma agricultura do tipo contratual, envolvendo diversas cooperativas e mais de 25.000 produtores autônomos distribuídos pelos três estados sulinos. Sobressai o Rio Grande do Sul, que fornece laranja, uva, maçã e limão, produzidos sobretudo nas velhas áreas coloniais, como, por exemplo, o vale do Guaporé. O estado de Santa Catarina, por sua vez, fornece laranja e maçã, enquanto o Paraná, apenas laranja.[113]

A agricultura contratual está apoiada, como no caso da fumicultura, em intensa assistência técnica aos produtores distribuídos territorialmente em 10 distritos organizados pela Suvalan. Paralelamente à assistência técnica, visando à obtenção de matéria-prima de qualidade, a Suvalan possui um laboratório de controle de qualidade de sua produção industrial.[114]

A Indústria Alimentícia Maguary S.A. originou-se em 1953 como uma empresa paraibana controlada pela família Tavares de Mello, tradicional produtora de açúcar. Iniciou suas atividades produzindo abacaxi enlatado.[115]

Em 1984, a Souza Cruz assume o controle acionário da Maguary, expandindo uma empresa que já tinha se especializado na produção de suco de frutas tropicais. Produz ela suco de caju, manga, abacaxi, goiaba, graviola, maracujá, tamarino, pitanga e uva, além de frutas cristalizadas, caju e goiaba, e frutas em conserva, abacaxi e caju. Produz também leite de coco e coco ralado.[116] Sua produção garante-lhe o primeiro lugar entre os produtores brasileiros de sucos de frutas tropicais, atribuindo-lhe uma expressiva posição como exportadora desses mesmos produtos.[117]

Diferentemente da Suvalan e da Companhia de Cigarros Souza Cruz, a Maguary não organizou a obtenção de matérias-primas com base, predominantemente, em uma agricultura do tipo contratual. Ao contrário, as matérias-primas que consome são, em grande parte, de procedência própria. Possui ela fazendas especializadas localizadas em Sapê, Paraíba, produzindo abacaxi em terras de tabuleiros; em Bonito, no contato entre a Zona da Mata e o agreste pernambucano, produzindo pitanga, graviola e outros frutos exóticos; e em Lucena, no litoral paraibano, produzindo coco.[118] Em Araguari, na região do Triângulo Mineiro, ao contrário, a Maguary desenvolve intenso programa de apoio aos pequenos produtores de maracujá.[119]

Além dessas fazendas do tipo *plantation*, a Maguary possui fábricas em Aracati, Ceará, em Bonito, Pernambuco, e em Minas Gerais, em Araguari e Monte Alegre.[120] Possui ainda unidades de pesquisa e fomento da produção de frutas tropicais.

A sede da Maguary está localizada em Recife e, no conjunto de seus estabelecimentos, emprega cerca de 2.000 pessoas.[121] Trata-se de um complexo agroindustrial situado no interior de um gigantesco *agrobusiness*, que é o grupo Souza Cruz.

c) As empresas de outros ramos

O grupo Souza Cruz engloba ainda outros ramos produtivos envolvendo três empresas vinculadas à produção de embalagens dos maços de cigarros e outros produtos, à biotecnologia e à venda das marcas de cigarros, considerados produtos comerciais. Ainda que não exclusivamente, estas empresas estão integradas às outras do grupo

Souza Cruz. Mais uma vez, à semelhança das empresas do ramo papel e celulose, fica evidenciado que o processo de diversificação da Souza Cruz é, simultaneamente, e em certa medida, de concentração vertical.

A Polo Indústria e Comércio Ltda., com sede em São Paulo e fábrica em Varginha, no sul de Minas Gerais, produz filme de polipropileno biorientado, "uma folha delgada e transparente que embala ovos de Páscoa, chocolates, biscoitos, massas, batatas fritas, café e maços de cigarros, protegendo-os contra a umidade e substituindo com vantagem o papel de celofane".[122]

Sua origem remonta a 1977, quando a Souza Cruz associou-se à empresa norte-americana Hercules Incorporated e à Toga (Indústria de Papéis de Arte José Tscherkassky), e iniciaram estudos de viabilidade para a implantação de uma fábrica de filme de polipropileno, substituindo as importações e trabalhando com matéria-prima oriunda de indústria química nacional.[123] Constitui, assim, um investimento que se insere também na linha de substituição de importações. A Souza Cruz controla apenas 49% do capital da Polo.

A produção inicia-se em 1980.[124] Em contínuo crescimento, coloca a Polo como empresa líder do mercado, produzindo tanto para o mercado interno como para o externo.

A Bioplanta — Tecnologia de Plantas Ltda. — constitui um tipo de investimento que, se de um lado amplia o grau de diversificação da Souza Cruz, ao mesmo tempo torna o grupo mais integrado. Ratifica, adicionalmente, por outro lado, a ênfase do grupo no setor de *agrobusiness*.

Criada em 1984, através de um *joint venture* entre a Souza Cruz e a NPI — Biotécnica do Brasil Ltda. —, subsidiária da NPI — Native Plants Incorporated —, de Salt Lake City, Estados Unidos,[125] em 1985 tem seu laboratório localizado em Paulínia, São Paulo, em início de operação.[126]

A Bioplanta "tem como objetivo básico produzir sementes e mudas aperfeiçoadas por meio de pesquisas capazes de contribuir decisivamente para o aumento da produtividade agrícola do Brasil e para o fomento de suas exportações.[127] De fato, trata-se de empresa de biotecnologia vegetal, produzindo mudas de árvores de frutas, como morango, maçã e cítricas, e de batata-semente. Dedica-se também à pesquisa de melhoria de sementes de hortaliças, pesquisas visando à solução de problemas das lavouras de abacaxi e maracujá, assim como desenvolve a produção de novas mudas de árvores de clima temperado.[128]

Para desenvolver estas atividades, a Bioplanta adquire, em 1985, 90% das cotas da Vigoragro Comercial Ltda., empresa que se dedicava ao beneficiamento e comercialização de sementes diversas.[129] Empresa paulistana, tem, então, sua sede transferida para Paulínia.[130]

A Bioplanta é, na realidade, um centro de pesquisas contando com 17 pesquisadores, dos quais oito com doutoramento e 31 engenheiros-agrônomos. A natureza de suas atividades explica a sua localização em Paulínia, nas proximidades de outros centros de pesquisa agronômica, como a Escola de Agronomia de Piracicaba e o Instituto Agronômico de Campinas.[131]

A especialidade da Bioplanta revela uma nítida relação com áreas especializadas em termos de produção. Possui ela filiais em Araraquara e Casa Branca, ambas em São Paulo, e em Ponta Grossa, nos campos gerais paranaenses. São filiais de vendas de mudas cítricas em Araraquara e Casa Branca, e morango e maçã em Ponta Grossa. Produz ainda batata-semente em uma fazenda localizada em Camanducaia, no sul de Minas Gerais. A Vigoragro, por sua vez, tem filiais de vendas de sementes de hortaliças em Bagé, no Rio Grande do Sul, e em Brasília.

A venda da imagem das marcas de seus produtos pode constituir outra faceta da ação das grandes corporações. Marcas famosas, aceitas e incorporadas ao cotidiano de milhares e milhares de pessoas são exploradas rendendo novos lucros. Neste sentido, a Souza Cruz dispõe de algumas marcas que, ao serem aceitas, passaram a constituir verdadeiras mercadorias.

No final do ano de 1981, a Souza Cruz entra no mercado de roupas esportivas com a grife Hollywood Sport Line. Já em 1982, havia 350 pontos de vendas localizados na Região Centro-Sul do país, que sob o sistema de franquia vendem roupas esportivas.[131] Este número subiu para mais de 1.500 em 1983.[132] Isto levou a Souza Cruz a criar, em 1984, a Plurimarca Empreendimentos e Participações S.A.,[133] que objetiva "explorar de modo amplo o potencial mercadológico das marcas do grupo".[134]

Ainda em 1984, a Plurimarca licencia a Companhia Vinhedo Indústria e Comércio, Importação e Exportação para a introdução no mercado do vinho "Reserva Especial Carlton": trata-se de vinho fino, branco e tinto, da linha Maison Rosselot.[135]

Além de roupas esportivas, incluindo calçados e vinhos, as marcas de cigarros da Souza Cruz aparecem estampadas em outros objetos, como isqueiros, canetas etc. Ao mesmo tempo que se amplia a variedade de produtos, a ação da Plurimarca expande-se espacialmente, abrangendo todo o território nacional: conta para isto com a ação de 48 representantes comerciais e numerosos vendedores exclusivos.[136]

d) As empresas de apoio e serviços

A grande e complexa corporação, multifuncional e multilocalizada, congrega ainda empresas cuja função é a de apoio e prestação de serviços, estando vinculadas a atividades que não constituem as bases sobre as quais a corporação está assentada. Empresas de apoio, entretanto, fazem parte do complexo verticalmente integrado que caracteriza a corporação. E mais, a importância delas não é nada desprezível, em alguns casos podendo, aliás, atingir considerável magnitude, perdendo mesmo a característica de empresa de apoio.

As empresas de apoio e serviços do grupo Souza Cruz atuam em diferentes setores: imóveis, seguros, exportação, energia e atividades financeiras. Todas estão sediadas na metrópole carioca e são controladas em 100% pela empresa *holding*.

A CLEB — Empreendimentos, Serviços, Negócios Comerciais e Industriais S.A. — foi criada em 1978 como a administradora dos imóveis da Souza Cruz. Foi "formada com a incorporação de imóveis que já não estavam sendo utilizados pela Souza Cruz em suas operações e alguns outros em fase final de utilização a serem desativados brevemente. O objetivo principal da constituição da empresa foi o de utilizar os referidos imóveis em empreendimentos promissores sem desencaixe de qualquer numerário, transformando uma imobilização ociosa em previsíveis lucros futuros".[137]

A Eldocor Corretagens de Seguros S.A. é uma empresa de corretagens e administração de seguros, tendo atuação exclusivamente voltada para as empresas do grupo Souza Cruz. Criada em 1966 como um setor encarregado de tratar dos seguros da Souza Cruz, acabou se tornando, em razão do aumento crescente dos negócios, uma empresa juridicamente independente, visando "estabelecer, em conjunto com assessoria externa especializada, uma política unificada de gerência de riscos para o grupo".[138]

Como corretora, estabelece contatos com as empresas seguradoras, intermediando, assim, os seguros entre as empresas do grupo Souza Cruz e as empresas seguradoras.

Criada em 1985 pela *holding*,[139] a Souza Cruz Trading S.A. objetiva concentrar os esforços de comércio exterior das empresas do grupo exportando fumo, papel, sucos e filme de polipropileno. Iniciada como exportadora do grupo Souza Cruz, passou em breve a oferecer seus serviços para empresas de fora do grupo. E mais, passou a transacionar no mercado nacional, tornando-se uma importante empresa de comércio.

A empresa Souza Cruz Distribuidora de Títulos e Valores Mobiliários S.A. constitui o ramo financeiro do grupo. Foi criada em 1985, com a aquisição da Singer Distribuidora de Títulos e Valores Mobiliários Ltda.,[140] desempenhando a função de administrar os recursos financeiros do grupo. Sua criação representou a maximização de esforços na análise dos riscos e oportunidades de investimentos de parcela ponderável dos lucros obtidos em atividades operacionais do grupo. Dada a magnitude crescente dos investimentos não-operacionais, a distribuidora deixa progressivamente de ter o caráter de empresa de apoio.

A Souza Cruz Florestal S.A. é, finalmente, a subsidiária encarregada de contribuir para minimizar o problema da dependência a uma única fonte energética, o óleo combustível. Através dela, diversas unidades produtivas do grupo são sistematicamente abastecidas com lenha.

Na realidade, o problema energético se fez sentir na segunda metade dos anos 70, levando o grupo a adotar, em 1981, o carvão mineral brasileiro como fonte de energia nas usinas de beneficiamento de Blumenau e Santa Cruz do Sul; desde 1983, o gás natural da Bacia de Campos é utilizado como fonte energética na fábrica de cigarros do Rio de Janeiro. As fábricas de Porto Alegre, São Paulo, Petrópolis e, parcialmente, a de Piraí, por outro lado, passaram a ter na eletrotermia a fonte substitutiva ao óleo combustível, o mesmo ocorrendo com a fábrica da Polo.[141]

Neste processo de diversificação energética, próprio das grandes empresas, é criada em 1981 a Souza Cruz Florestal S.A. No final dos anos 80, todas as usinas de beneficiamento utilizavam lenha, o mesmo se verificando com as fábricas localizadas em Belém, Recife e Uberlândia. Também as subsidiárias Aracruz, Suvalan e Maguary utilizam, ao menos parcialmente, fonte energética vegetal.[142]

Em função do fornecimento de lenha, a Florestal tornou-se grande proprietária de terras. De fato, a partir de 1982, iniciou-se um processo de aquisição de terras: cerca de 2.800ha e no município de Prata, no Triângulo Mineiro, visando ao abastecimento da fábrica de Uberlândia, e cerca de 900ha em Cortês, Pernambuco, para o abastecimento da fábrica de Recife.[143]

Em 1983, aproximadamente 2.000ha são adquiridos no município catarinense de Mafra, visando ao abastecimento da usina de Rio Negro. Em 1985, mais de 1.000ha são adquiridos no município gaúcho de Rio Pardo, não muito distante da usina de Santa Cruz do Sul.[144] Em 1988, finalmente, 650ha adquiridos em São Caetano de Odivelas, no Pará.[145] Neste conjunto, aproximadamente 4.500ha são cultivados com espécies apropriadas à produção de lenha em grande escala, sobretudo eucalipto e acácia-negra.

IV — As Interações Espaciais

Uma grande corporação multifuncional e multilocalizada possui, no que se refere a sua espacialidade, não apenas diversas localizações, mas também intensas e complexas interações espaciais, envolvendo, de um lado, suas próprias localizações e, de outro, numerosas empresas e grupos. Em outras palavras, o espaço de atuação da grande corporação é amplo, constituindo um meio vital para sua existência e reprodução ampliada. Este espaço é, por outro lado, submetido à ação da corporação, sendo diferencialmente alterado em suas dimensões e conteúdos social e econômico.

As interações espaciais associadas ao âmbito interno da grande corporação vinculam-se, como aponta

Corrêa,[146] baseado em Hymer,[147] Kafkalas[148] e Hänkanson,[149] a interações destinadas a integrar administrativamente a corporação, e a outras que visam a uma integração vinculada à produção. As primeiras traduzem-se em fluxos que são preferencialmente não-materiais, relacionados às ordens e decisões; as segundas vão se traduzir em fluxos materiais envolvendo matérias-primas, bens intermediários e produtos acabados. Estes dois modos com que as interações se realizam são complementares entre si.

No presente estudo, focalizaremos as interações materiais que se realizam, primeiramente, no âmbito do grupo e, depois, aquelas mais importantes envolvendo outras empresas e grupos localizados no país. Esta análise será muito breve, visto que já foi parcial e indiretamente realizada nas partes anteriores do presente trabalho.

a) As interações internas ao grupo

A Figura 6 procura representar os principais fluxos entre as empresas do grupo Souza Cruz. A Companhia de Cigarros Souza Cruz é indiscutivelmente a empresa líder do grupo, aquela para a qual convergem e divergem matérias-primas, bens intermediários e serviços diversos provenientes das demais empresas do grupo. Na realidade, a companhia de cigarros está no centro do processo de concentração vertical que caracteriza o grupo. Recordemos que ela própria possui, através de unidades verticais distribuídas pelas áreas rurais produtoras, usinas de beneficiamento, fábricas de cigarros, filiais de vendas e depósitos atacadistas, uma estrutura produtiva verticalizada.

FIGURA 6
PRINCIPAIS INTERAÇÕES ENTRE AS EMPRESAS DO GRUPO SOUZA CRUZ
1989

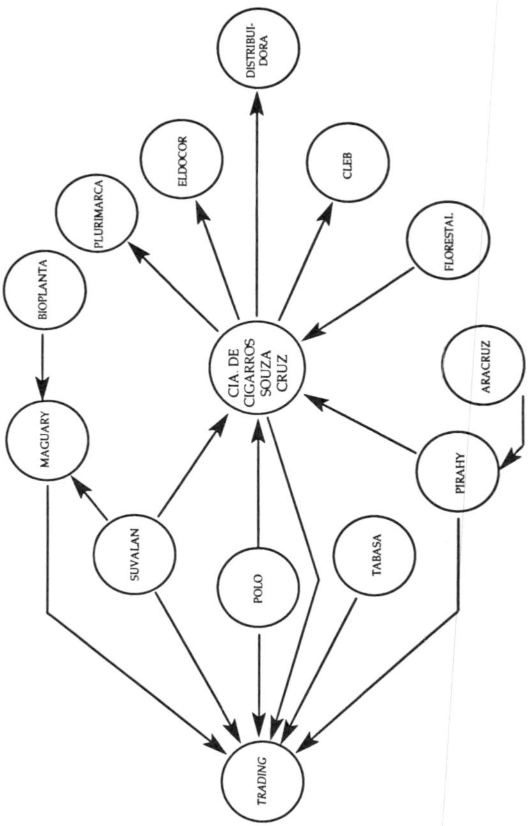

A verticalização que se processa no âmbito do grupo envolve, de um lado, o fornecimento de lenha das fazendas da Florestal, papel de cigarros e para embalagem procedente da Pirahy, filme de polipropileno, que protege os maços de cigarros da umidade, fabricado pela Polo, e essências de frutas da Suvalan para os diversos sabores de cigarros produzidos. De outro lado, a CLEB cuida das transações imobiliárias envolvendo imóveis da Souza Cruz, enquanto os negócios da companhia de cigarros são segurados pela Eldocor; a Plurimarca licencia algumas marcas de cigarros da empresa e a distribuidora investe recursos financeiros dela provenientes. A Trading, finalmente, encarrega-se das exportações de fumo e cigarros da Souza Cruz.

A concentração vertical, contudo, não se limita à companhia de cigarros. Há também relações entre as outras empresas do grupo. Assim, a Bioplanta fornece sementes selecionadas à Maguary; esta recebe também sucos concentrados da Suvalan e exporta sucos de frutas através da Trading. Passa, deste modo, a ter uma relativa centralidade no âmbito do grupo. A Aracruz, produtora de celulose branqueada, fornece esta matéria-prima para a Pirahy, produtora também de diversos tipos de papel para diferentes segmentos do mercado.

A Trading, conforme se pode observar, é a empresa encarregada das exportações do grupo, para ela convergindo sucos, filme de polipropileno, fumo e cigarros, e papéis.

Estas interações envolvem fluxos que alcançam consideráveis distâncias ao lado de fluxos de distâncias médias e curtas.

A série de fluxos envolvendo o grupo pode ser descrita em seu momento inicial pelos fluxos que ligam as unidades de produção localizadas nas zonas fumicultoras gaúcha, catarinense e paranaense às propriedades rurais produtoras de fumo. Seguem-se fluxos destas últimas para as usinas de beneficiamento de fumo. Beneficiada a matéria-prima, esta é expedida para as fábricas de cigarros. Passa-se, assim, de fluxos de curta distância para os de média e, finalmente, para aqueles de longa distância. Assim, das usinas de beneficiamento localizadas nas principais zonas produtoras do Sul do país dirigem-se fluxos para Porto Alegre, São Paulo, Uberlândia, Rio de Janeiro, Salvador, Recife e Belém.

A localização dispersa das fábricas de cigarros implica fluxos de distâncias médias, às vezes longas, entre elas e os depósitos atacadistas disseminados por todo o território brasileiro. Dos depósitos derivam fluxos a curta distância e muito freqüentes, envolvendo periodicidade semanal ou quinzenal, e milhares e milhares de varejistas distribuídos ubiquamente.

Da região urbano-industrial do país fluem filmes de polipropileno, mudas de frutas tropicais cientificamente produzidas e papel de cigarro e de embalagem para as demais regiões brasileiras produtoras de bens de consumo. Assim, de Itajubá, Paulínia e Piraí saem matérias-primas e bens intermediários para as unidades produtivas localizadas no Sul, Sudeste, Nordeste e Norte do país. Trata-se, em outros termos, de fluxos que revelam uma organização espacial que reproduz o padrão industrial de centro/periferia do território brasileiro. Revela ainda a divisão territorial do trabalho no âmbito do grupo.

Curtas, médias e longas distâncias caracterizam os demais fluxos que se realizam dentro do grupo. Assim, os fluxos articulando os municípios de Prata e Uberlândia, Cortês e Recife, e Rio Pardo e Santa Cruz do Sul, relativos à lenha expedida para unidades produtivas, podem ser concebidos como de curta distância. Já os que articulam Aracruz e Piraí, envolvendo a expedição de celulose para a fábrica de papel, assumem uma dimensão média. O fluxo entre Bento Gonçalves e o Nordeste, por outro lado, relativo a sucos concentrados, é tipicamente de longa distância.

A variedade de fluxos envolvendo produtos, distâncias e lugares diversos deixa clara a natureza complexa dos fluxos que se realizam no âmbito do grupo.

b) As interações com outras empresas

O grupo Souza Cruz não se estrutura exclusivamente a partir da produção de fumos e cigarros nem da produção de outros bens para consumo intragrupo ou para serem negociados no atacado.

Produz também matérias-primas e bens intermediários para outras empresas, assegurando ao grupo um papel de grande proeminência em certos setores produtivos, em face dos quais controla parcela ponderável do mercado. Esta produção pressupõe também intensas e variadas interações espaciais envolvendo um elevado número de empresas e lugares.

Entre as empresas com quem o grupo Souza Cruz mantém interações está aquela que concorre com ela produzindo cigarros. Trata-se do rival Phillip Morris, que adquire filme de polipropileno da Polo e papel de cigarro e embalagem da Pirahy. Deste modo, a Souza Cruz exerce certo controle sobre a expansão de sua concorrente através do fornecimento de bens intermediários básicos.

O grupo Souza Cruz exporta também produtos para a indústria de cigarros, filtros, adesivos, material publicitário, peças e componentes mecânicos e eletroeletrônicos para a indústria cigarreira.

As interações do grupo Souza Cruz com as indústrias de bebidas e produtos alimentícios são também de monta. Assim, da unidade fabril de Bento Gonçalves, pertencente à Suvalan, saem sucos concentrados de laranja, limão e uva para as dezenas de engarrafadoras da Coca-Cola distribuídas por todo o território brasileiro. As fábricas de refrigerantes da Brahma são também abastecidas com sucos concentrados de laranja e limão, esta última matéria-prima abastecendo também a Pepsi-Cola.

Sucos concentrados de frutas da Suvalan abastecem indústrias de produtos alimentícios como a Nestlé, Kibon, Cica, Quaker, Parmalat e Batavo, entre outras, implicando interações espaciais intensas e de média e longa distâncias, alcançando o Sudeste do país.

O filme de polipropileno da Polo, por sua vez, constitui bem intermediário vendido às indústrias de produtos alimentícios, como a de massas e biscoitos.

Papéis especiais para cabos elétricos e telefônicos fluem da fábrica da Pirahy para a indústria Pirelli. Outros tipos de papéis, para impressão, cartões, cartolinas e adesivos, destinam-se a numerosas empresas localizadas principalmente no Sudeste.

Das interações com outras empresas merecem menção aquelas vinculadas à Bioplanta. Trata-se de interações que implicam importante impacto territorial, abrangendo áreas rurais produtoras de frutas e sucos para os mercados interno e externo.

A Bioplanta é a principal fornecedora de mudas de laranjeiras do país para as empresas exportadoras de sucos Cutrale, Fischer, Frutesp e Citrosuco, que atuam nas regiões de Limeira, de um lado, e de Jaboticabal-Bebedouro, de outro, as principais áreas de produção cítrica do país. Deste modo, a organização do espaço nas regiões acima mencionadas, centrada fortemente na citricultura, tem na ação da Bioplanta um muito importante agente. A Bioplanta comercializa também mudas de macieiras e sementes de morango, vendidas para firmas paulistas e catarinenses, participando, deste modo, do processo de reorganização de áreas agropastoris que incorporam os mencionados produtos na pauta de produção.

A descrição das interações espaciais entre as empresas do grupo Souza Cruz e as demais empresas e grupos é bem reveladora da existência de um grande grupo que atua nacionalmente através de uma relativamente grande pauta de produtos e intensas e complexas interações espaciais.

V — Considerações Finais

O presente estudo procurou colocar em evidência a organização espacial do grupo Souza Cruz, enfatizando as etapas do processo evolutivo de sua espacialidade e suas principais interações espaciais. Constatou-se tratarse de um poderoso grupo que, dotado de recursos financeiros injetados do exterior, estabeleceu progressivamente um amplo e complexo espaço de atuação que envolve áreas rurais especializadas na fumicultura, numerosos centros de comercialização e beneficiamento de fumo, centros dotados de unidades fabris produtoras de cigarros e uma ampla rede de distribuição atacadista.

O grupo possui ainda outras empresas dedicadas à produção de bens e serviços que, ao menos parcialmente, atendem a demandas da indústria cigarreira situada no centro do grupo. Trata-se, portanto, de um amplo conglomerado industrial dotado de poderosa integração e de atuação em âmbito nacional.

Novas questões devem ser formuladas visando ampliar o conhecimento sobre o grupo Souza Cruz e seu espaço de atuação. Muitas destas questões surgiram no decorrer da elaboração do presente estudo e deverão cobrir lacunas da pesquisa empreendida:

1 — Quais as relações entre produtores de fumo e de cítricos, por exemplo, e as empresas que lhes compram a produção? Particularmente pertinente é, a partir da utilização de mapas em grande escala, verificar a dimensão espacial e a dinâmica dessas relações.

2 — Qual a espacialidade do processo de distribuição atacadista de cigarros? Que itinerários realizam os veículos que fazem esta distribuição? Qual a lógica destes itinerários?

3 — Qual a espacialidade de cada uma das empresas subsidiárias da empresa *holding*? Assim, à guisa de exemplo, qual a espacialidade da Suvalan? Em

outras palavras, quais as localizações (os fixos) e as interações espaciais (os fluxos) de cada uma das empresas vinculadas ao grupo Souza Cruz? No bojo deste questionamento emerge a questão das etapas evolutivas da espacialidade das empresas subsidiárias.

4 — Qual o papel do grupo Souza Cruz na gestão de seu território? Que práticas efetivas, envolvendo outros agentes, em especial o Estado em suas diferentes instâncias, o grupo desenvolve visando garantir a existência e a reprodução ampliada de seu espaço de atuação, isto é, de uma das mais significativas condições de existência e reprodução?

Notas

1. Relatório Anual Souza Cruz, 1987.
2. Bloomfield, 1981.
3. Savey, 1981.
4. Mc Nee, 1979.
5. Clarke, 1985.
6. Mc Nee, *op. cit.*
7. Clarke, *op. cit.*
8. Taylor e Thirft, 1986.
9. Mc Nee, *op. cit.*
10. Quem É Quem na Economia Brasileira. Revista *Visão,* São Paulo, setembro de 1987.
11. Revista *Exame,* n.º 422, agosto de 1988.
12. Perfil da Indústria de Fumo — ABIFUMO —, Rio de Janeiro, 1989.
13. Eficiência da Distribuição É o Segredo da Souza Cruz. *Jornal do Brasil,* Rio de Janeiro, 10 de março de 1990.
14. BAT Industries Annual Report and Accounts, 1988.
15. Idem.

16. Idem.
17. Idem.
18. Cohen, 1981.
19. Nardi, 1985.
20. Souza Cruz. Oitenta Anos de Brasil, fascículos publicados como encarte na revista *Veja* , nos 764 a 771, 1983.
21. Souza Cruz: 1903-1983. Companhia Souza Cruz Indústria e Comércio, Rio de Janeiro, 1983, 36 p.
22. Abreu, 1987.
23. Souza Cruz: 1903-1983, *op. cit.*
24. Relatório Anual Souza Cruz, 1988.
25. Souza Cruz: 1903-1983, *op. cit.*
26. Montali, 1979.
27. Souza Cruz: 1903-1983, *op. cit.*
28. Bruneau e Ibernou, 1980.
29. Pesquisa Agropecuária Municipal, IBGE, 1988.
30. Souza Cruz: 1903-1983, *op. cit.*
31. Fábrica de Porto Alegre. Rio de Janeiro, Companhia de Cigarros Souza Cruz, 1988, 16 p.
32. Relatório Anual Souza Cruz, 1964.
33. Souza Cruz: 1903-1983, *op. cit.*
34. Relatório Anual Souza Cruz, 1964.
35. Souza Cruz: 1903-1983, *op. cit.*
36. Relatório Anual Souza Cruz, 1964.
37. Souza Cruz: 1903-1983, *op. cit.*
38. Relatório Anual Souza Cruz, 1981.
39. Relatório Anual Souza Cruz, 1964.
40. Idem.
41. Hymer, 1978.
42. Corrêa, 1991.
43. Nardi, *op. cit.*
44. *Id, ibid.*
45. Relatório Anual Souza Cruz, 1964.
46. Souza Cruz. Oitenta Anos de Brasil, *op. cit.*
47. Souza Cruz: 1903-1983, *op. cit.*
48. Idem.
49. Relatório Anual Souza Cruz, 1960.
50. Idem.
51. Christaller, 1966.

52. Berry e Barnum, 1968.
53. Nardi, *op. cit.*
54. Perfil da Indústria de Fumo, *op. cit.*
55. Idem.
56. Nardi, *op. cit.*
57. Perfil da Indústria de Fumo, *op. cit.*
58. Relatório Anual Souza Cruz, 1988.
59. Fábrica de Petrópolis. Companhia de Cigarros Souza Cruz, Rio de Janeiro, s.d., 16 p.
60. Fábrica de Uberlândia. Companhia de Cigarros Souza Cruz, Rio de Janeiro, s.d., 22 p.
61. Relatório Anual Souza Cruz, 1962.
62. Relatório Anual Souza Cruz, 1973.
63. Relatório Anual Souza Cruz, 1974.
64. Perfil da Indústria de Fumo, *op. cit.*
65. Pesquisa Agropecuária Municipal, IBGE, 1986.
66. Relatório Anual Souza Cruz, 1988.
67. O Produtor de Fumo — Departamento de Fumo, Florianópolis, 1985.
68. Centro de Pesquisa e Desenvolvimento — Companhia de Cigarros Souza Cruz, Rio de Janeiro, folder, s.d.
69. Relatório Anual Souza Cruz, 1960.
70. Relatório Anual Souza Cruz, 1971.
71. Relatório Anual Souza Cruz, 1962.
72. Relatório Anual Souza Cruz, 1960.
73. Relatório Anual Souza Cruz, 1966.
74. Relatório Anual Souza Cruz, 1981.
75. Relatório Anual Souza Cruz, 1971.
76. Relatório Anual Souza Cruz, 1974.
77. Relatório Anual Souza Cruz, 1975.
78. Relatório Anual Souza Cruz, 1962.
79. Relatório Anual Souza Cruz, 1957.
80. Relatório Anual Souza Cruz, 1971.
81. Relatório Anual Souza Cruz, 1973.
82. Pesquisa Agropecuária Municipal, IBGE, 1986.
83. Perfil da Indústria de Fumo, *op. cit.*
84. Browett, 1984.
85. Palloix, 1974.

86. Taylor, *op. cit.*
87. Relatório Anual Souza Cruz, 1973.
88. Relatório Anual Souza Cruz, 1971.
89. Relatório Anual Souza Cruz, 1987.
90. Relatório Anual Souza Cruz, 1981.
91. Relatório Anual Souza Cruz, 1972.
92. Relatório Anual Souza Cruz, 1973.
93. Relatório Anual Souza Cruz, 1975.
94. Relatório Anual Souza Cruz, 1976.
95. Relatório Anual Souza Cruz, 1978.
96. Relatório Anual Souza Cruz, 1973.
97. Relatório Anual Souza Cruz, 1974.
98. Relatório Anual Souza Cruz, 1977.
99. Relatório Anual Souza Cruz, 1978.
100. Relatório Anual Souza Cruz, 1985.
101. Idem.
102. Companhia Industrial de Papel Pirahy. Companhia Industrial de Papel Pirahy, Rio de Janeiro, s.d., 28 p.
103. Idem.
104. Idem.
105. Idem.
106. Idem.
107. Revista *Exame*, nº 422, agosto de 1988.
108. Relatório Anual Souza Cruz, 1974.
109. Relatório Anual Souza Cruz, 1978.
110. Relatório Anual Souza Cruz, 1976.
111. Suvalan, folder, s.d.
112. Idem.
113. Idem.
114. Idem.
115. Relatório Anual Souza Cruz, 1985.
116. Idem.
117. Relatório Anual Souza Cruz, 1987.
118. Relatório Anual Souza Cruz, 1985.
119. Relatório Anual Souza Cruz, 1988.
120. Idem.
121. Revista *Exame*, nº 422, agosto de 1988.
122. Relatório Anual Souza Cruz, 1987.
123. Relatório Anual Souza Cruz, 1977.
124. Relatório Anual Souza Cruz, 1980.

125. Relatório Anual Souza Cruz, 1984.
126. Relatório Anual Souza Cruz, 1985.
127. Relatório Anual Souza Cruz, 1987.
128. Relatório Anual Souza Cruz, 1985.
129. Idem.
130. Relatório Anual Souza Cruz, 1986.
131. Relatório Anual Souza Cruz, 1987.
132. Relatório Anual Souza Cruz, 1982.
133. Relatório Anual Souza Cruz, 1984.
134. Relatório Anual Souza Cruz, 1987.
135. Relatório Anual Souza Cruz, 1984.
136. Relatório Anual Souza Cruz, 1985.
137. Relatório Anual Souza Cruz, 1978.
138. Relatório Anual Souza Cruz, 1984.
139. Relatório Anual Souza Cruz, 1985.
140. Idem.
141. Energia Companhia de Cigarros Souza Cruz, Rio de Janeiro. 28 p., 1986.
142. Idem.
143. Relatório Anual Souza Cruz, 1982.
144. Relatório Anual Souza Cruz, 1985.
145. Relatório Anual Souza Cruz, 1988.
146. Corrêa, *op. cit.*
147. Hymer, *op. cit.*
148. Kafkalas, 1985.
149. Hänkanson, 1979.

BIBLIOGRAFIA

ABREU, Maurício A. *A Evolução Urbana do Rio de Janeiro*. Instituto de Planejamento — IPLANRIO. Rio de Janeiro, Jorge Zahar, 1987, 147 p.

BERRY, Brian J.L. e BARNUM, H.G. Agregate Relations and Elemental Components of Central Place Systems. *In:* SMITH, R.H.T.; TAAFFE, E.H. e KING, L.J. (Orgs.) *Readings in Economic Geography*. Chicago, Rand Mc Nally & Company, pp. 302-307, 1968.

BLOOMFIELD, Gerald T. The Changing Spatial Organization of Multinational Corporations in The World Automotive Industry. *In:* HAMILTON, F.E.I. e LINGE, G.J.R. (Orgs.) *Spatial Analysis, Industry and the Industrial Environment*, v. 2 — International *Industrial Systems*. Chichester, John Wiley & Sons, pp. 357-394, 1981.

BROWETT, John. On The Necessity and Inevitability of Uneven Spatial Development under Capitalism. *International Journal of Urban and Regional Research*. Londres, 8(2): 155-176, 1984.

BRUNEAU, Michel e IMBERNOU, J.M. Le Système Agro-Industriel et l'Agriculture Contractuelle dans le Campagnes du Tiers Monde. *L'Espace Géographique, 3*, pp. 211-222, 1980.

CENTRO DE PESQUISA e Desenvolvimento. Companhia de Cigarros Souza Cruz. Rio de Janeiro, folder, s.d.

CHRISTALLER, Walter. *Central Places in Southern Germany*. Englewood Cliffs, Prentice Hall, Inc., 1966, 230 p.

CLARKE, Ian M. *The Spatial Organization of Multinational Corporations*. Londres, Croom Helm, 1985, 287 p.

COHEN, Robert B. The New International Division of Labor, Multinational Corporations and Urban Hierarchy. *In:* DEAR, M.; SCOTT, A.J. (Orgs.) *Urbanization and Urban Planning in Capitalist Society*. Londres, Methuen, pp. 287-315, 1981.

CORRÊA, R.L. Corporação e Espaço — Uma Nota. *Revista Brasileira de Geografia*. Rio de Janeiro, IBGE, *53*(1), jan-mar. de 1991.

HÄNKANSON, Lars. Towards a Theory of Location and Corporate Growth. *In:* HAMILTON, F.E.I. e LINGE, G.J.R. (Orgs.) Chichester, John Wiley & Sons, pp. 115-138, 1979.

HYMER, Stephen. *Empresas Multinacionais: a internacionalização do capital*. Rio de Janeiro, Graal, 1978, 118 p.

KAFKALAS, Grigoris. Location of Production and Forms of Spatial Integration: theoretical considerations and some exemples from the non-fuel mineral sector. *International Journal for Urban and Regional Research*. Londres, *9*(2): 223-253, 1985.

MC NEE, Robert B. A System Approach of Understanding the Geographical Behavior of Organizations, Especially Large Corporations. *In:* HAMILTON, F.E.I. (Org.) *Spacial Perspectives on Industrial Organization and Decision Making*. Londres, John Wiley & Sons, pp. 47-75, 1979.

MONTALI, Lilia T. *Do Núcleo Colonial ao Capitalismo Monopolista. Produção de Fumo em Santa Cruz do Sul*. Faculdade de Filosofia, Letras e Ciências Humanas da Universidade de São Paulo. São Paulo, 1979 (Dissertação de Mestrado em Sociologia).

NARDI, Jean-Baptiste. *A História do Fumo Brasileiro*. Associação Brasileira da Indústria do Fumo — ABIFUMO. Rio de Janeiro, 1985, 40 p.

PALLOIX, Christian. *La Internacionalizacion del Capital*. Madri, H. Blume, 1978, 242 p.

SAVEY, Suzane. Pechiney Ugine Kuhlmann: A French Multinational Corporation. *In:* HAMILTON, F.E.I. e LINGE, G.J.R. (Orgs.). *Spatial Analysis, Industry and the Industrial Environment*, v. 2 — *International Industrial Systems*. Chichester, John Wiley & Sons, pp. 305-327, 1981.

TAYLOR, Michel. Introduction: New Theories of Multinational Corporations. *In:* TAYLOR, M. e THRIFT, N. (Orgs.) MULTINATIONAL AND RESTRUCTURING OF THE WORLD ECONOMY. Londres, Croom Helm, pp. 1-20, 1986.

______; THRIFT, Nigel. Business Organization, Segmentation and Location. Londres, *Regional Studies*, *17*(6): 445-465, 1983.

Postscriptum

A estrutura produtiva, organizacional e locacional do grupo Souza Cruz, decorridos mais de 10 anos da realização do presente estudo, foi alterada. Empresas subsidiárias e unidades produtivas e de distribuição foram eliminadas. Assim, por exemplo, em 2001, há apenas duas fábricas de cigarros no país, uma em Cachoeirinha, na região metropolitana de Porto Alegre, e outra em Uberlândia, no Triângulo Mineiro. Criou-se um grande centro de distribuição em São Paulo.

Novas pesquisas se tornam necessárias de modo a poderem acompanhar as estratégias econômico-espaciais do grupo Souza Cruz, as quais exercem poderoso impacto sobre a organização espacial do país.

Terceira Parte

A Rede Urbana Brasileira

4. A Periodização da Rede Urbana da Amazônia*

Este trabalho constitui-se numa tentativa de estabelecer a periodização da rede urbana da região amazônica, sendo esta constituída pelas seis unidades da Federação que, tradicionalmente, compõem a denominada Região Norte.

As análises espaço-temporais não se têm constituído numa sólida tradição na Geografia, aí incluindo-se a preocupação com a periodização da organização espacial. O presente estudo procura contribuir para esta questão, considerando a rede urbana amazônica que tem, desde a primeira metade do século XVII, quando foi implantado o seu primeiro núcleo urbano, passado por um processo de transformação que é suscetível de periodização. Inicia-se ele com algumas considerações sobre o tema da periodização da organização espacial, analisando a seguir a periodização da rede amazônica.

---

* Publicado originalmente na *Revista Brasileira de Geografia*, 49(3), 1987, pp. 39-68.

I — Algumas Considerações Básicas

As considerações que ora se apresentam constituem uma tentativa de clarificar o tema proposto. Estão inter-relacionadas entre si, constituindo-se mais numa sistematização analítica do que em considerações dotadas, cada uma, de autonomia própria. Aparecem sob a forma de questões que são as seguintes: a) é possível falar de periodização em relação às formas espaciais?; b) que relações existem entre periodização e escala espacial?; c) qual o tempo de duração de cada período?; d) que elementos devem ser considerados para a periodização de uma rede urbana?; e) existe, finalmente, uma rede urbana na Amazônia?

Em relação à primeira questão, consideramos a periodização uma operação intelectual que permite definir os tempos históricos, em que o pesquisador torna visível e inteligível, em cada um deles, "... a forma específica da existência da totalidade social".

A totalidade social é constituída por uma combinação das instâncias econômica, jurídico-política e ideológica. Mas esta combinação não significa que na dinâmica de cada instância cada uma esteja no mesmo tempo da outra, o que definiria uma "contemporaneidade do tempo". Cada uma das instâncias possui seu tempo próprio de desenvolvimento, sua própria temporalidade, sendo dotada de uma relativa autonomia no bojo da totalidade social. É a combinação dessas diferentes temporalidades que define, repita-se, "... a forma específica da existência da totalidade social". E a periodização é, em realidade, a seqüência de "combinações desiguais" das diferentes instâncias da totalidade social, como aponta Althusser.

As três instâncias entrecruzam-se e completam-se através de diferentes modos. Um deles assume uma expressão fenomênica, a organização espacial. Por conter e estar contida nas instâncias econômica, jurídico-política e ideológica, a organização espacial constitui-se em uma dimensão da totalidade social. É por isso que, no nosso entender, a organização espacial pode ser periodizada: assim como é possível falar do feudalismo, também o é da organização espacial feudal. E tanto na periodização da organização espacial como nas grandes fases da história, o pesquisador defronta-se com a presença simultânea de heranças do passado e de elementos do futuro. A periodização da organização espacial é, neste sentido, a história espacializada, espacializando-se e a espacializar-se.

A possibilidade de periodização da organização espacial inclui tanto a organização global como uma organização específica, a rede urbana ou um determinado lugar, uma cidade, por exemplo. A este propósito, Santos afirma que cada lugar, cada região, apresenta uma realidade socioespacial que resulta de uma combinação singular de variáveis que datam de idades diferentes: é o que ele denomina tempo espacial próprio a cada lugar. O mesmo pode ser dito em relação a uma rede urbana regional, quando se consideram seus numerosos segmentos: cada um possui seu tempo espacial. A periodização espacial é a reconstrução do tempo espacial, isto é, a colocação em evidência dos momentos diferenciados que caracterizam o processo de elaboração da organização espacial.

As diferenças entre os tempos espaciais dos diversos segmentos de uma rede urbana podem ser muito grandes. Alguns segmentos incorporam vários momentos da história, enquanto outros podem ser muito recentes, incorporando apenas o presente, ou seja, essas diferenças refletem os momentos históricos em que cada segmento foi gerado, sua "inércia dinâmica", ou o modo como manteve continuidade e continua "vivo" no presente, expressando variáveis que têm significados e pesos específicos dentro da totalidade social, como aponta Santos. Isto significa, em realidade, que em termos espaciais a ação dos processos gerais não se dá com a mesma intensidade, podendo manifestar-se intensamente em uma dada área e não manifestar-se ou fazê-lo fracamente em outras. A periodização verifica-se de modo espacialmente desigual.

Na Amazônia, esta diferenciação de tempos espaciais é muito marcante no âmbito da rede urbana. Tão marcante que se pode falar em segmentos "velhos", que possuem um tempo espacial longo, e segmentos "novos", como exemplifica-se com as cidades ribeirinhas, de um lado, e as cidades e os embriões urbano, de outro, que surgiram recentemente ao longo dos grandes eixos rodoviários que rasgaram a Amazônia.

As relações entre periodização e escala espacial são, por sua vez, semelhantes àquelas em que em uma dada escala de tempo divide-se a história, fazendo-se, por exemplo, emergir o feudalismo; e em outra escala faz-se aparecer o que se denomina de Alta e Baixa Idade Média. Semelhantemente, é possível considerar a periodização da organização espacial da rede urbana brasileira, fazendo emergir a rede urbana da Amazônia; em outra escala, a rede urbana da Amazônia pode ser periodizada, evidenciando-se os tempos em relação aos quais sua organização espacial fez-se diferenciada. Mas que fique claro que na periodização não se privilegia a diferenciação de áreas, das quais são derivadas as regiões: privilegia-se a seqüência de tempos, cada um caracterizando-se por uma combinação desigual de elementos que afetaram a organização espacial. Neste sentido, periodização e regionalização são operações intelectuais diferentes, sendo, contudo, oriundas de um mesmo quadro referencial teórico, a lei do desenvolvimento desigual e combinado, como apontado por Novack *et alli*.

A periodização é função da escala espacial que se considera: maior a escala espacial, isto é, menor a região ou a cidade, mais complexa é a periodização, pois esta irá refletir uma particularização mais aguda dos processos gerais que afetam regiões maiores, particularização esta que é fator da diferenciação espaço-temporal. Mas a periodização é, também, função da variedade e da intensidade dos processos a que foi submetida uma determinada região. Isto nos remete à terceira questão.

A variedade e a intensidade dos processos gerais a que uma região é submetida e deve particularizar para que esses mesmos processos gerais sejam efetivados implicam que os períodos em que se pode dividir a história, em uma dada região, não apresentem a mesma duração. Há períodos longos e curtos, caracterizando a periodização por ser temporalmente desigual. Assim, no caso da Amazônia, o período em que a rede urbana foi influenciada pela Companhia Geral do Grão-Pará e Maranhão é muito mais curto que aquele que o segue, que é marcado por uma estagnação econômica e urbana. Mas nem por isso menos importante; ao contrário, é de importância enorme para a rede urbana regional.

Ao se considerar a rede urbana objeto da periodização, é necessário que se considerem como elementos de variação espaço-temporal aqueles elementos gerais pertinentes a uma rede urbana. Reportam-se eles às materializações das instâncias da sociedade; portanto, às instâncias econômica, jurídico-política e ideológica: a rede urbana é uma dessas materializações.

Os elementos da rede urbana a serem considerados devem dar conta da gênese da rede urbana ou de segmentos seus, da localização absoluta e relativa das cidades, da forma espacial das cidades e da rede, da paisagem urbana, das funções urbanas, dos agentes sociais envolvidos no processo de produção e das relações entre eles, e das articulações externas à rede. Em outras palavras, estes elementos são os seguintes: a) a gênese dos núcleos urbanos; b) as funções que desempenham; c) a dependência a determinados produtos; d) o sítio urbano; e) a paisagem urbana; f) a ampliação do número de centros da rede; g) o padrão espacial da rede; h) o papel dos diferentes agentes sociais no processo produtivo; e i) as articulações com os espaços exteriores à rede em questão.

Cada um desses elementos está relacionado aos demais. Assim, à guisa de exemplificação, a gênese urbana — o momento em que foi criado ou como surgiu um dado segmento da rede urbana, o modo, o agente e a finalidade da criação — está expressa na localização relativa e absoluta da cidade ou da rede urbana.

Mas, se há uma relação entre esses diversos elementos da rede urbana, ela não é mecânica. É conveniente notar que a especificidade com que cada elemento se realiza em um dado período não é necessariamente a mesma nos períodos subseqüentes. É sabido que os objetos criados pelo homem tendem a ter certa força de permanência, pois foram criados tanto para a realização da sociedade como também para a sua reprodução. No entanto, no seu processo de permanência, o papel que desempenham e a importância que possuem podem variar de um período para outro. E isto é particularmente válido para as formas espaciais, como exemplifica-se com a cidade em seu sítio: mesmo havendo mudado as funções urbanas, o produto mais importante de comercialização e os agentes sociais, o sítio urbano pode permanecer o mesmo. Sua importância atual para a realização das novas funções pode, no entanto, ter sido alterada. A permanência de um elemento da rede urbana e a variabilidade de sua importância advêm do fato de os já mencionados elementos em pauta combinarem-se desigualmente.

Tendo em vista que em muitos estudos está implícito, senão explícito, que só existe rede urbana a partir de determinadas características das cidades e das relações entre elas, julga-se pertinente discutir as condições a partir das quais uma rede urbana pode emergir. A pertinência desta discussão deve-se, de um lado, ao fato de estarmos considerando a rede urbana amazônica objeto da periodização. De outro, ao fato de haver afirmativas, com a de Mendes, de que na Amazônia a rede urbana não é equilibrada e ainda que a própria expressão rede urbana carece de significado, pois as cidades não são funcionalmente complementares entre si.

Admitimos a existência de uma rede urbana quando, ao menos, são satisfeitas as condições comentadas a seguir. Primeiramente, haver uma economia de mercado com uma produção que é negociada por outra não produzida local ou regionalmente. Esta condição tem como pressuposto um grau mínimo de divisão territorial do trabalho. Em segundo lugar, verificar-se a existência de pontos fixos no território onde os negócios acima referidos são realizados, ainda que com certa periodicidade e não de modo contínuo. Tais pontos tendem a concentrar outras atividades vinculadas a esses negócios, inclusive aquelas de controle político-administrativo e ideológico, transformando-se assim em núcleos de povoamento dotados, mas não exclusivamente, de atividades diferentes daquelas da produção agropecuária e do extrativismo vegetal: comércio, serviços e atividades de produção industrial.

A terceira condição refere-se à existência de um mínimo de articulação entre os núcleos anteriormente referidos, articulação que se verifica no âmbito da circulação, etapa necessária para que as produções exportadas e importadas se realizem plenamente, atingindo os mercados consumidores. Esta circulação é influenciada pelas características técnicas associadas ao desenvolvimento dos meios e vias de comunicações, pelas características específicas dos produtos, envolvendo, por exemplo, a distribuição espacial da oferta, o volume, a periodicidade da oferta e as necessidades de armazenagem e beneficiamento; é influenciada, ainda, pelas ligações entre os agentes de comercialização, envolvendo poder de decisão e localizações diferenciadas e, ainda mais, pela distribuição espacial da população e de sua renda. A articulação resultante da circulação vai traduzir e reforçar uma diferenciação entre núcleos urbanos no que se refere ao volume e tipos de produtos comercializados, às atividades político-administrativas, à importância como pontos focais em relação ao território exterior a eles e ao tamanho demográfico. Esta diferenciação traduz-se em uma hierarquia entre os núcleos urbanos.

Nos termos anteriormente explicitados, admitimos que na Amazônia exista uma rede urbana. Isto significa que não aceitamos a idéia da existência de rede urbana definida a partir de parâmetros arbitrários, abaixo dos quais não haveria rede urbana ou esta seria desorganizada. Não aceitamos como parâmetros o modelo christalleriano e a regra da ordem-tamanho como bases a partir das quais se considera a existência ou não de uma rede urbana.

O fato de não se verificar uma hierarquia de centros que se aproxime daquela proposta por Christaller, de a maioria dos centros urbanos ser pequena, tradicionalmente indiferenciada e desigualmente distribuída, de as articulações entre eles serem fracas em termos de intensidade e freqüência, de haver uma acentuada primazia, contrariando assim o modelo da regra ordem-tamanho, indica apenas uma coisa: que a rede urbana da Amazônia reflete e reforça as características sociais e econômicas regionais, incorporando através dos padrões de localização dos centros urbanos, de suas funções e de sua dinâmica os diferentes tempos espaciais que estão presentes nos diversos segmentos da rede urbana.

Neste sentido, concordamos com Smith quando ela advoga a existência de vários padrões de redes urbanas, de acordo com os tipos de sociedades historicamente identificáveis. Isto, contudo, não significa admitir uma evolução sistemática e linear de um padrão a outro com o decorrer do tempo.

A rede urbana da Amazônia deve ser analisada e compreendida considerando-se a inserção, a cada momento, da região em um contexto externo a ela, seja internacional, nacional ou abrangendo ambos, bem como considerando-se a existência, conflitiva ou não, das cristalizações urbanas resultantes das internalizações dessas diversas inserções no mundo externo a ela. Há uma periodização da rede urbana, isto é, cada segmento do tempo associa-se a uma rede urbana que reflete este tempo e simultaneamente faz parte dele e o faz caminhar.

II — A Rede Urbana Amazônica: Sua Periodização

A periodização que ora se apresenta constitui-se em uma tentativa de colocar em evidência o processo de elaboração da rede urbana amazônica. Tentativa que esbarra na dificuldade de, sistematicamente, tornar operacionalizável cada um dos elementos considerados básicos para a periodização. Ainda assim, procurou-se trazer à luz as diversas combinações desiguais dos elementos da rede urbana, cada uma dessas combinações resultando em um período. Estes períodos são os seguintes:

1 — um período inicial de implantação da cidade de Belém e o início da conquista do território;
2 — um segundo período caracterizado pela expansão dos fortes e a criação de aldeias missionárias, em-

briões das futuras cidades, estende-se da metade do século XVII à metade do século XVIII;

3 — um terceiro e curto período, marcado por um relativamente importante desenvolvimento da vida econômica e urbana sob a égide da Companhia Geral do Grão-Pará e Maranhão, estende-se da metade do século XVIII ao final dos anos 70 do mesmo século;

4 — um quarto período relativamente longo, que se estende do final do século XVIII à metade do século XIX e que é caracterizado por uma estagnação econômica e urbana;

5 — o período do *boom* da borracha, marcado pela expansão e riqueza urbanas, estende-se da metade do século XIX ao final da Primeira Guerra Mundial;

6 — um período de estagnação, após a crise da borracha, que se estende, aproximadamente, de 1920 a 1960; e

7 — um período atual, iniciado na década de 1960 e que ainda perdura, caracterizado por um intenso processo de mudança econômica e urbana.

Vejamos, agora, cada um dos períodos supramencionados.

1) A fundação de Belém

A expansão mercantilista européia, iniciada no século XV, incorporou novas áreas ao emergente sistema econômico capitalista. Em muitas dessas áreas, a incorporação se fez a partir da criação de um núcleo urbano que nasce destinado a desempenhar, inicialmente, duas funções. Primeiramente, servir como ponto de defesa do território em face das pretensões de outros países e, em segundo lugar, como ponto de penetração e conquista do território. Esta é uma primeira e necessária fase do processo de elaboração da rede urbana em muitos países da Ásia, África e do continente americano.

No território brasileiro, numerosos são os exemplos dessas criações urbanas que antecederam o povoamento de suas futuras regiões de influência: Salvador e Rio de Janeiro, entre outras, criadas no século XVI, são exemplos notáveis. O mesmo pode-se dizer de São Luís, fundada pelos franceses em 1612 e conquistada pelos portugueses em 1615.

Não é outra a origem de Belém. A capital paraense foi fundada pelos portugueses provenientes de São Luís. Em 1616, Francisco Caldeira Castelo Branco funda o Forte do Presépio, a partir do qual desenvolve-se a cidade de Belém. O litoral e o baixo vale amazônico já eram, então, visitados por holandeses, ingleses e franceses que, pelo braço norte do rio, penetravam o vale para realizar trocas comerciais com os índios, aí estabelecendo fortins e feitorias. As pretensões inglesas e holandesas estavam respaldadas em poderosas companhias comerciais monopolistas, como é referido por Jobim. Os holandeses já tinham mesmo dois engenhos de açúcar em funcionamento na região, conforme aponta Cruz.

As expedições militares, originárias do Forte do Presépio, iriam expulsá-los da Amazônia. Do pequeno núcleo, junto ao forte, partiriam, em breve, os novos povoadores da região, criando os primeiros núcleos de povoamento, como as atuais cidades de Bragança (ex-Souza do Caeté), em 1633, e Cametá (ex-Villa Viçosa de Santa Cruz do Cametá), em 1635.

A criação de uma cidade, destinada a desempenhar funções de proteção e de ponto de partida para a conquista de um território, implica a escolha de uma posição e um sítio condizentes com essas funções. No caso de Belém, sua localização nas proximidades da embocadura secundária e meridional do Amazonas, simultaneamente protegida do oceano e distante do estuário norte, conhecido pela violência das águas e dos ventos que perturbam a navegação, confere-lhe uma excelente posição, garantindo-lhe o acesso e o controle do litoral e do vale amazônico. Esta posição de porta de entrada e de saída da Amazônia seria incorporada à sua história, assegurando-lhe proeminência ímpar em toda a região.

De acordo com as funções iniciais de Belém, seu sítio deveria ser defensivo. De fato, segundo Penteado, o Forte do Presépio e o núcleo inicial de Belém foram criados em uma área plana, situada entre 8 e 10 metros acima das águas da baía de Guajará. Trata-se de um terraço destacado da superfície terraceada que constitui grande parte do sítio atual de Belém, originando um promontório cujos limites escarpados descem sobre o rio Guamá, a baía de Guajará e uma pequena enseada. Separando o promontório do conjunto da superfície de terraços achava-se a baixada alagadiça do Piri, hoje saneada e incorporada ao espaço urbano.

2) Fortins, aldeias missionárias e as "drogas do sertão"

Segundo Ferreira Reis, Portugal, ao perder os mercados produtores de especiarias do Oriente, organiza, a partir de 1655, um esquema destinado à procura, coleta e comércio de especiarias, as quais foram denominadas, por eles, "drogas do sertão". Eram produtos valorizados na Europa, utilizados como condimentos, em uso farmacêutico, enfeites e como material de construção: cacau, cravo, canela, salsaparrilha, madeiras e manteiga de peixe, entre outros.

No período que se estende da metade do século XVII ao final da primeira metade do século XVIII, esse esquema estava baseado numa organização apoiada em fortins, aldeias missionárias e na mão-de-obra indígena. Seus antecedentes imediatos verificaram-se entre 1617 e 1653, quando chegaram a Belém, aí instalando seus conventos, seis ordens religiosas, entre elas a dos jesuítas, mercedários, carmelitas e franciscanos. Criaram numerosas aldeias missionárias, quer junto às aldeias indígenas preexistentes, quer sob a proteção de um fortim recém-criado. Deste modo, puderam exercer um efetivo controle sobre os indígenas, uma das bases da economia extrativista que seria implantada.

Essas aldeias e fortins localizavam-se principalmente às margens do rio Amazonas, em muitos casos na confluência de um afluente. Esses núcleos possuíam, assim, uma posição vantajosa, controlando a circulação de um vale: são exemplos, entre outros, Santarém (rio Tapajós), Óbidos (rio Trombetas) e Tefé (rio Japurá). Mas o número de aldeias missionárias foi muito maior. Citam-se, entre outras, as de Surubiú (atual Alenquer), Jamundás (Faro), Gurupatiba (Monte Alegre), Maturu (Porto de Moz), Silves, Itacoatiara e Coari, no rio Amazonas, e Mariuá (Barcelos), no rio Negro.

É nesse movimento simultaneamente de expansão territorial, ocupação e exploração extrativista que foi fundado em 1669 o Forte de São José do Rio Negro, sob cuja proteção os carmelitas criaram a aldeia missionária de Manaus, como aponta Jobim. Localizado próximo à embocadura do rio Negro, no Amazonas, e pouco distante da foz do rio Madeira, o Lugar da Barra, como foi conhecida a aldeia durante muito tempo, desempenharia, a partir da segunda metade do século XIX, papel progressivamente mais importante no âmbito da rede urbana da Amazônia.

Essas aldeias constituíram-se no embrião da rede urbana comandada por Belém. Os índios aldeados sob o hábil controle dos missionários não apenas cultivavam para subsistência, como também percorriam sistematicamente os vales, visando à obtenção de "drogas do sertão". A produção colhida era encaminhada para Belém e de lá exportada para Lisboa. Os beneficiários dessa exportação eram as ordens religiosas. Desse modo, a burguesia e o Estado português, bem como os grupos comerciais ingleses que, através de acordos entre a Inglaterra e Portugal, controlavam o comércio ultramarino português, pouco se beneficiavam desse comércio. Sobre o assunto, comenta Nunes Dias, referindo-se aos jesuítas: *Depois de colhidas pelos índios, nas matas, as "drogas do sertão" eram armazenadas nos próprios empórios dos jesuítas, de onde eram embarcadas para o Reino quando se oferecia oportunidade. Recebiam, outrossim, como forma de pagamento, certas mercadorias européias com inteira isenção de impostos, por serem em benefício das missões, conforme declaravam.*

E prossegue: *No colégio dos Jesuítas, na Cidade de Belém do Pará, havia amplos armazéns onde eram estocadas as "drogas do sertão", fazendo-se aí uma lucrativa feira durante o tempo em que as frotas esperavam na baía de Guajará as carregações destinadas ao porto de Lisboa.*

Algumas considerações devem ser feitas agora a propósito do que foi exposto. A dispersão das espécies que constituíam as "drogas do sertão", próprias de uma floresta heterogênea como a Hiléia Amazônica, implicava uma dispersão das aldeias missionárias. Mas esses núcleos estavam articulados, sobretudo, através da organização das ordens religiosas e da circulação de mercadorias, à cidade de Belém. Tratava-se de uma articulação pouco complexa, gerando uma rede urbana embrionária do tipo dendrítico, marcada pela posição excêntrica e proeminente de Belém e pela forma que assumia espacialmente a circulação. A dispersão das aldeias, no entanto, ampliou a área de domínio português sobre a Amazônia.

As atividades vinculadas às "drogas do sertão" desempenharam importante papel na organização do espaço através da implantação de um embrião da rede urbana que, mais tarde, seria ratificada e reforçada. E nesta ratificação e reforço mantém-se e reproduz-se o mesmo padrão de localização relativa e absoluta: localização ribeirinha consubstanciando um padrão espacial dendrítico e um sítio sobre um terraço fluvial, a salvo das cheias periódicas. E isto perduraria por vários períodos. Neste processo se ratificaria, também, o mecanismo básico de comercialização que surgiu no século XVII: o financiamento, através de meios de vida e de trabalho, da produção de produtos primários.

O poderio comercial das ordens religiosas seria, no entanto, fator importante para o aparecimento de um novo período no processo de elaboração da rede urbana.

3) *A Companhia Geral do Grão-Pará e Maranhão e a rede urbana amazônica*

Entre 1750 e 1780, aproximadamente, a rede urbana amazônica, até então embrionária, passaria por uma fase de relativo desenvolvimento. Contudo, este desenvolvimento não derivou da incorporação de novas áreas à economia colonial e do conseqüente aparecimento de novos núcleos dotados de funções urbanas. Derivou, principalmente, da expansão das atividades produtivas nas áreas já incorporadas economicamente, bem como de uma política explícita de Portugal que tinha nos pequenos núcleos preexistentes um dos meios para a realização de sua política colonial.

O relativo desenvolvimento urbano da Amazônia estava totalmente apoiado na ação da Companhia Geral do Grão-Pará e Maranhão, fundada em 1755 sob os auspícios e interesses do Marquês de Pombal, primeiro-ministro português. Essa empresa, criada durante a Revolução Industrial inglesa, a Guerra da Independência norte-americana e a Guerra dos Sete Anos, representou uma das últimas tentativas de criação de companhias comerciais monopolista, oriundas de uma aliança entre a monarquia absolutista e o capital comercial. Dessas companhias resultou, no dizer de Nunes Dias: *uma imensa acumulação de riqueza dentro da Europa, origem da transformação do capital comercial num capital industrial.*

A companhia pombalina foi criada nessas circunstâncias internacionais, procurando infiltrar-se nos mercados europeus de produtos tropicais, sobretudo de algodão, arroz e cacau, cuja produção ela incentivou.

Internamente, em Portugal, a criação da companhia visava reproduzir, tardiamente, o modelo de acumulação que muito contribuiu para a passagem do capitalismo mercantil para o industrial: acumulação que era em parte dificultada pelo poderio comercial das ordens religiosas, especialmente a dos jesuítas.

A ação da companhia monopolista iria afetar a incipiente rede urbana amazônica. A seqüência dos fatos que se indica a seguir mostra como se deu a política pombalina de inserir, de modo mais intenso, a economia amazônica no mercado mundial e, através disso, afetar a sua rede urbana:

1) transferência, já em 1751, da capital do estado do Grão-Pará e Maranhão, de São Luís para Belém. Reconhecem-se, assim, de novo, as potencialidades locacionais de Belém em face da Amazônia. Em 1772, verifica-se a separação dos dois estados, criando-se o estado do Grão-Pará e o estado do Maranhão;
2) imposição do fim do poder eclesiástico e concessão de liberdade aos índios. As aldeias missionárias passam a ter caráter laico e estimula-se o casamento dos soldados e colonos com as índias. Em 1759, como resultado dos conflitos entre os interesses comerciais dos jesuítas e o capital comercial luso, os religiosos da Companhia de Jesus são expulsos, e seus bens, confiscados;
3) doação de sesmarias a colonos e soldados para que se cultivasse a terra;
4) introdução, a partir de 1756, de escravos africanos para os cultivos comerciais, que são incentivados pela empresa monopolista;

5) expansão dos cultivos de cacau, café, fumo e outros produtos, bem como intensificação do extrativismo vegetal e da pecuária, esta última nos campos do Rio Branco (Roraima), no baixo Amazonas e na ilha de Marajó;
6) ampliação das importações de produtos manufaturados europeus, os quais são adiantados aos colonos para ser pagos mais tarde com a produção exportável. O sistema de "aviamento", mecanismo fundamental da economia amazônica, não só é ratificado, como, também, ampliado;
7) criação e reativação de numerosos fortes visando à proteção da Amazônia contra interesses externos. Esses fortes localizavam-se, de um lado, na embocadura do Amazonas, tanto em Belém como em Macapá, este controlando a embocadura norte do rio. De outro, na confluência dos afluentes do Amazonas em Gurupá, Santarém, Óbidos e Manaus. Foram ainda criados fortes nos limites das terras em disputas com a Espanha: São Gabriel das Cachoeiras, São José de Marabitanas, Tabatinga e São Joaquim, e mesmo em áreas tão distantes como os vales dos rios Guaporé (Forte Príncipe da Beira) e Paraguai (Forte Coimbra);
8) elevação, entre 1755 e 1760, de 46 aldeias missionárias à categoria de vila. Essas aldeias tiveram seus nomes modificados, reproduzindo em muitos casos nomes de povoações portuguesas. Alenquer, Almeirim, Aveiro, Barcelos, Borba, Ega (atual Tefé), Faro, Melgaço, Santarém, Serpa (atual Itacoatiara), Óbidos e Vila Nova da Imperatriz (atual Parintins); e
9) criação, em 1755, da Capitania de São José do Rio Negro, base do atual estado do Amazonas, com capi-

tal em Barcelos. Desse modo a Amazônia e o, em breve, estado do Grão-Pará passam a ter duas capitanias, a do Grão-Pará e a de São José do Rio Negro, ambas subordinadas a Belém.

Os efeitos das ações da companhia pombalina, contudo, dar-se-ão espacialmente de modo desigual, introduzindo uma certa diferenciação entre os núcleos de povoamento. Primeiramente, esta diferenciação verifica-se através das funções urbanas de natureza político-administrativa: em cada uma das duas capitanias passa a existir uma capital, várias vilas e numerosos povoados, estabelecendo-se, assim, uma hierarquia político-administrativa em cujo topo situa-se Belém. Em segundo lugar, através das funções comerciais e de serviços que se ampliaram desigualmente durante o processo de inserção mais profunda da Amazônia no comércio internacional de produtos tropicais. Assim, verifica-se um maior desenvolvimento daquelas atividades em Cametá, localizada no baixo curso do Tocantins, em razão da expansão da lavoura do cacau que, de certo modo, aí concentrou-se. Também verificou-se um certo florescimento de Barcelos, não somente por suas funções político-administrativas, mas também por ser o foco comercial da produção agrícola do vale do rio Negro: anil, cacau, café, baunilha etc.

Mas é a cidade de Belém quem mais se beneficia dessas transformações. Ratifica sua posição de capital econômica da Amazônia, controlando, através do monopólio da Companhia Geral do Grão-Pará e Maranhão, todo o comércio regional. E, repita-se, a partir de 1772, torna-se a capital político-administrativa de toda a Amazônia.

Seu surto de desenvolvimento vai traduzir-se em melhoramentos urbanos, como a construção do palácio do governo e igrejas. A construção naval é aí implantada. Segundo Nunes Dias, sua população era, na segunda metade do século XVIII, superior a 10 mil habitantes.

Sob a égide da empresa pombalina, a rede urbana amazônica vê ratificarem-se muitas das características de seus elementos, enquanto outras se acentuam, como é o caso das funções urbanas. O período seguinte, que antecede o *boom* da borracha, se caracterizará por uma longa estagnação econômica e urbana.

4) *A estagnação da vida urbana: final do século XVIII e primeira metade do século XIX*

O final do século XVIII e a primeira metade do século XIX seriam marcados por uma estagnação econômica regional, a qual afetaria a rede urbana. Dois eventos, ambos originados externamente à região amazônica, aparecem como os principais responsáveis pela estagnação econômica e urbana. De um lado, a extinção, em 1778, da Companhia Geral do Grão-Pará e Maranhão, e, de outro, o fato de o panorama mundial não favorecer os produtos tropicais em geral.

Em relação ao primeiro evento, o liberalismo econômico que emerge com a Revolução Industrial impôs a Portugal um comércio internacional livre, fora do controle monopolista de empresas protegidas pelo Estado. Em relação ao segundo evento, o panorama desfavorável aos produtos tropicais na Europa particulariza-se na

Amazônia pela queda de preço de seu principal produto, o cacau, conforme aponta Oliveira Santos. Acresce ainda a falta de oportunidades para outros produtos. A borracha, por exemplo, apesar dos progressos técnicos, viabilizando a sua crescente utilização, não teria expressão econômica durante a primeira metade do século XIX: de 1825, ano em que se deu a primeira remessa de borracha para o exterior, num total de 93 toneladas, a 1849-1850, as exportações não ultrapassaram, em nenhum ano, 900 toneladas, e os preços do produto não se mantiveram, continuamente, em alta, segundo indica Oliveira Santos. As exportações de borracha, ainda em 1848, situavam-se em quarto lugar entre os produtos exportados, abaixo do fumo, cacau e couros.

Ambos os eventos iriam afetar a vida urbana, não mais embrionária, mas ainda não solidamente estabelecida. De um lado, verifica-se a paralisação da expansão agrícola, afetando tanto a área do baixo Tocantins como o vale do rio Negro, as mais importantes áreas agrícolas regionais. De outro, e como conseqüência, verifica-se uma diminuição do crescimento urbano, mesmo uma perda da população urbana e, tendo em vista a diminuição da arrecadação tributária, um desleixo da administração pública em face dos serviços urbanos.

Um viajante atento e minucioso como Bates, que viveu e percorreu a região entre 1848 e 1859, descreve com riqueza de detalhes a relativa decadência de Belém, que "mostrava ter conhecido melhores dias", de Santarém, Itacoatiara, "uma aldeia em ruínas", e Manaus. Essa decadência é também notada por outro viajante, o naturalista Wallace, e por Ferreira Reis. Este autor mostra como a decadência da agricultura no vale do rio

Negro afetou o seu principal núcleo urbano, Barcelos, fazendo com que a capital da Capitania de São José do Rio Negro fosse transferida, em 1808, para o Lugar da Barra (Manaus), um pequeno núcleo estrategicamente localizado. Contudo, seu crescimento só se verificaria a partir da segunda metade do século.

Ao final da primeira metade do século XIX, em um momento que antecede a grande expansão econômica e urbana apoiada na valorização da borracha, a rede urbana da Amazônia caracteriza-se pela proeminência de Belém e por um padrão espacial predominantemente ribeirinho, centrado no eixo do rio Amazonas. No litoral, havia alguns poucos núcleos urbanos, outros poucos na zona guajarina e na ilha de Marajó. Nos afluentes do Amazonas, a presença de núcleos urbanos limitava-se aos baixos cursos do Tocantins, Xingu, Tapajós e Madeira, sobressaindo em importância o vale do rio Negro, com uma rede relativamente mais densa, porém em profunda decadência. A zona bragantina ainda não tinha sido economicamente valorizada, não tendo sido objeto de implantações urbanas. O mesmo era o caso dos médios e altos cursos dos afluentes do Amazonas, sobretudo de sua margem direita, especialmente o Purus e o Juruá. O *boom* da borracha, contudo, se encarregaria de ampliar a ocupação humana e a implantação de núcleos urbanos nessas áreas.

5) A expansão do extrativismo da borracha e da rede urbana

O período que se estende de 1850 a 1920 constitui-se no período em que a rede urbana amazônica ganha nova dimensão, quer em termos econômicos, quer em termos espaciais. Este período tem como pano de fundo o *boom* do extrativismo da borracha, que revigorou tanto a economia como a rede urbana.

Esse revigoramento verificou-se em função da realização, após 1850, de três condições, a saber: a forte e crescente demanda externa de borracha, a superação de dois obstáculos regionais, o primitivo sistema de transporte e a escassez de mão-de-obra, e a oferta de capitais disponíveis para o financiamento da produção, conforme apontado por Roberto Santos.

A demanda externa de borracha vai traduzir-se, após 1850, em preços ascendentes do produto: 45 libras, em média, por tonelada, no período 1840-1850, 118 no período 1850-1860, 182 no período 1870-1880 e 389 no período 1900-1910, conforme apontam Cardoso e Müller. Traduziu-se, também, em volumes crescentes de exportações: menos de três mil toneladas anuais, em média, no período 1850-1860, cerca de sete mil toneladas em 1880, 17 mil em 1887 e cerca de 35 mil toneladas anuais, em média, no decênio 1901-1910.

Em realidade, as duas últimas décadas do século XIX e o primeiro decênio do século XX marcaram a fase de grande expansão do extrativismo da borracha, a qual reflete, sobretudo, a crescente utilização de pneumáticos, primeiramente de bicicletas e, em seguida, de automóveis, conforme indica Silva. Deste modo, a Amazônia insere-se na divisão internacional do trabalho através da produção da borracha, para a qual chegou a contribuir com 90% da produção mundial em 1890. A valorização da borracha foi de tal magnitude que chegou a eclipsar qualquer outra produção, incluindo a de produtos de subsistência para o mercado regional.

A segunda condição se realizaria, de um lado, a partir da criação, já em 1853, da Companhia de Navegação e Comércio do Amazonas pelo Barão de Mauá, como Reis aponta. Com ela introduz-se a navegação a vapor no rio Amazonas e, em breve, nos seus afluentes, possibilitando um escoamento mais rápido da produção regional. Esta expansão crescente, por sua vez, iria atrair, em breve, capitais estrangeiros vinculados ao comércio e à navegação. Em 1867, a navegação no Amazonas é liberada às embarcações estrangeiras, porém, apenas em 1874 o primeiro navio estrangeiro ancora em Manaus. Neste mesmo ano, a empresa de navegação de Mauá, bem como outras, desaparecem, tendo sido substituídas pela Amazon Steamship Navegation Company Limited, de capitais ingleses. Estamos no limiar do grande *boom* da extração da borracha e as condições gerais para isto já estão sendo implantadas.

Em face da escassez de mão-de-obra, por outro lado, a imigração foi a solução natural. Inicialmente, entre 1850 e 1870, verificou-se o deslocamento de paraenses que extraíam borracha no vale do médio Amazonas paraense e nos vales do Xingu e Tapajós para os baixos vales do Madeira, Purus, Juruá e do próprio Amazonas em território amazonense. Após a grande seca nordestina de 1877-1880, coincidente com o início do aumento vertiginoso da demanda internacional da borracha e, conseqüentemente, de mão-de-obra, a imigração nordestina, agora para os médios e altos vales do Purus e Juruá, foi a solução encontrada, segundo aponta Prado Jr. Essa imigração aumentaria de muito a população regional e seria em parte subsidiada pelo Estado, como se exemplifica com o subsídio da Província do Amazonas para uma linha de navegação ligando o território amazonense ao porto cearense de Camocim, um dos locais de saída da população sertaneja para a Amazônia.

Em relação à disponibilidade de capital com vistas à realização da produção, tanto o capital estrangeiro como o capital nacional tiveram papel significativo. Este capital vinculou-se ao financiamento das importações de bens de consumo e instrumentos de trabalho. Tais importações destinavam-se aos adiantamentos através de uma complexa cadeia de intermediários àqueles que efetivamente se embrenhavam na floresta para a extração da borracha. Este sistema de financiamento, conhecido regionalmente como "aviamento", constituía-se, pois, em crédito à produção.

Capitais estrangeiros, por outro lado, foram também investidos em atividades vinculadas à produção e ao transporte da borracha: além da supramencionada empresa de navegação, capitais ingleses e norte-americanos criaram empresas como a Manaos Harbour Limited, em 1902, The Port of Pará, em 1906, a Madeira and Mamoré Railway Company, em 1907, e a Brazilian Rubber Trust, que plantou seringueiras em mais de 60 mil hectares no município de Anajás, no Pará, na primeira década do século. Assim, o capital viabilizaria o início da expansão da produção de borracha, como, em seu momento da expansão máxima, a primeira década do século XX, se voltaria para o setor de maior margem de risco, investindo em obras e atividades de porte.

À medida que a demanda externa por borracha crescia, o sistema de transporte ia sendo modernizado e ampliado, as necessidades de mão-de-obra, satisfeitas, capitais iam sendo aplicados, quer como crédito à produção, quer em obras de porte, a produção de borracha aumentava, e os efeitos sobre a rede urbana regional foram se verificando. Tais efeitos referem-se, de um lado, à expansão da própria rede urbana e ao revigoramento demográfico e econômico dos núcleos urbanos preexistentes e, de outro, à intensificação, via mecanismo de "aviamento", das relações entre os núcleos de povoamento. Os efeitos fizeram-se sentir, também, no âmbito das cidades mais importantes através de melhoramentos urbanos.

a) Expansão e revigoramento urbanos

A ampliação da área ocupada e da produção de borracha, resultado inevitável do aumento de uma produção baseada no extrativismo, iria gerar a necessidade de novos núcleos urbanos. O revigoramento dos núcleos preexistentes é conseqüência, também, da revalorização econômica de suas respectivas hinterlândias.

Os novos núcleos surgidos, sobretudo, nos vales do Madeira, Purus e Juruá, na Amazônia ocidental, tiveram suas origens vinculadas diretamente à produção de borracha. Nas palavras de Dias, tais núcleos, futuras sedes municipais, eram, *em suas origens, pontos de comércio, por serem sedes de seringais. Todas ribeirinhas; todas em confluências de rios. Em terra firme ou em várzea alta, constituíram-se, naquela época, em pontos ideais para concentração da produção de borracha de uma pequena bacia hidrográfica, subsidiária dos grandes eixos transversais ao Amazonas.*

Os exemplos são abundantes: Manicoré, no rio Madeira, Boca do Acre, Xapuri, Brasiléia e Sena Madureira, na bacia do alto Purus, Ipixuna, Feijó, Tarauacá e Cruzeiro do Sul, na bacia do alto Juruá. A cidade de Rio Branco, estudada por Guerra, é um dos exemplos mais conhecidos. Originou-se no período de 1880-85, a partir da criação do seringal Empresa, pertencente a um cearense que subira o Purus e seu afluente, Acre. Em 1904, o povoado é elevado à categoria de vila, com o nome de Volta da Empresa, no mesmo ano passando a denominar-se Rio Branco.

O processo de expansão do extrativismo da borracha ultrapassou trechos com corredeiras e cachoeiras dos afluentes do rio Amazonas, como se exemplifica com a expansão pelo vale do alto Madeira, uma área produtora cujo escoamento da produção de borracha interessava tanto ao Brasil como à Bolívia. A superação dos obstáculos fluviais fez-se através da mencionada Madeira and Mamoré Railway Company. Esta ferrovia foi responsável pela criação de núcleos de povoamento no atual estado de Rondônia: as cidades de Guajará-Mirim e Porto Velho, "pontas de trilhos" à época da criação, bem como os pequenos núcleos surgidos em torno de estações ferroviárias, como são exemplos Jaci-Paraná e Abunã.

O revigoramento dos núcleos preexistentes, localizados, sobretudo, no vale do Amazonas e nos baixos cursos de seus afluentes, é uma das conseqüências do *boom* da borracha. Núcleos que ficaram estagnados a partir do final do século XVIII, como Santarém, Óbidos, Itacoatiara e Parintins, reviveram, passando por período de relativa riqueza.

À guisa de exemplo, veja-se o caso de Óbidos, descrito por Le Cointe. Em 1873, é inaugurado um teatro com cerca de 200 lugares; a pequena cidade possuía ainda um

Club Literário, uma Sociedade Filarmônica e uma Biblioteca. A cidade de Santarém, por sua vez, localizada na embocadura de um afluente mais importante do que o Trombetas, de cuja foz não se achava distante, apresenta um crescimento mais vigoroso, ultrapassando em importância a cidade de Óbidos. É a partir do final do século XIX que Santarém transforma-se na segunda cidade do Pará, ultrapassando, também, a cidade de Cametá, pouco valorizada pela produção da borracha e desvalorizada pela perda de importância da cultura do cacau.

Mas no processo de revigoramento que atingiu os núcleos preexistentes, foi a cidade de Manaus, o antigo Lugar da Barra que, em termos relativos, mais beneficiou-se da expansão da borracha. O primeiro passo para o seu crescimento se dá em 1852, com a criação da Província do Alto Amazonas, emancipada da Província do Pará. A capital escolhida é Manaus, já o mais importante núcleo urbano da Amazônia ocidental, e o que apresentava, pela sua posição, as melhores perspectivas de crescimento: situava-se no ponto focal da circulação que se faria *de* e *para* o que seriam em breve os principais vales produtores de borracha.

A expansão de Manaus é, inicialmente, viabilizada pelas firmas de Belém que ali instalam suas filiais. Mas à medida que, simultaneamente, ampliavam-se a produção de borracha e a hinterlândia de Manaus, capitais estrangeiros e nacionais, estes tanto provenientes de outros pontos do país como formados pouco a pouco na própria praça de Manaus, passaram a investir em atividades ligadas ao comércio e transporte de borracha.

O crescimento urbano de Manaus suscitaria, a partir da segunda metade do século XIX, um processo de competição comercial com Belém. Processo este sustentado, de um lado, pela posição da capital paraense na rede urbana amazônica, quer em termos locacionais, quer funcionais, e, de outro, pelo aproveitamento das vantagens locacionais da capital amazonense em face das principais áreas produtoras de borracha. E iria perdurar enquanto o extrativismo da borracha fosse uma atividade altamente lucrativa.

A competição se traduziria em um conjunto de medidas encetadas pelo estado amazonense, exprimindo os interesses dos comerciantes de Manaus. Primeiramente, através de subsídios à navegação direta com a Europa, em 1874, e com os Estados Unidos, em 1882. Em segundo lugar, em 1878, através de um imposto diferencial, no qual eram taxados a mais os produtos que, saindo do território amazonense, fossem exportados para o exterior via Belém. Em terceiro lugar, conseguindo, em 1885, do governo central, que o território amazonense fosse ligado pela Companhia Brasileira de Navegação a Vapor, mais tarde denominada Lloyd Brasileiro. E finalmente, em 1900, em plena euforia da borracha, com a legislação que obrigava a que todos os produtos que saíssem do território amazonense fossem desembarcados, beneficiados, despachados e exportados pelo porto de Manaus. Dessa forma, se, em 1900, Belém tinha exportado 16.503 toneladas de borracha, e Manaus, em plena ascensão, 8.147, já em 1901 a capital amazonense exportava 14.875 toneladas, enquanto Belém exportava 12.040. Entre os anos de 1902 e 1909, as exportações de borracha através de Manaus foram, à exceção de 1906, superiores àquelas via Belém.

Apesar das numerosas vitórias dos interesses mercantis localizados em Manaus, no entanto, na questão do Acre, que na primeira década do século XX transformou-se no principal produtor de borracha do país, os interesses comerciais de Belém saíram vitoriosos. Através da mediação da Associação Comercial do Pará, impediu-se que o território acreano fosse incorporado ao estado do Amazonas, constituindo-se em território federal. De fato, a produção acreana de borracha estava, sobretudo, sob o controle das firmas comerciais de Belém: dos 25 navios que circulavam no Acre, no começo do século XX, 19 pertenciam às firmas de Belém. Houvesse a incorporação, Belém teria perdido a parte mais rica de sua hinterlândia, como aponta Silva, e suas exportações de borracha, no período de 1910 a 1919, não seriam, como o foram, superiores àquelas de Manaus, como argumenta Le Cointe.

O crescimento de Manaus iria suscitar, a partir da última década do século XIX, que novas firmas com sede em Belém ali se localizassem, que corretores de câmbio e de fundos ali se instalassem e que numerosos bancos estabelecessem correspondentes na capital amazonense. Em 1902, o The London and Brazilian Bank Limited aí estabeleceu uma poderosa agência. Duas empresas bancárias de capitais locais foram criadas: o Banco do Amazonas, fundado em 1895, e o Banco Amazonense, fundado em 1904. Sua população em 1900 era, segundo Oliveira Santos, de cerca de 50 mil habitantes.

Contudo, a cidade de Belém constituía-se, como fora desde a sua fundação, na cidade mais importante da região. Seu revigoramento foi surpreendente. Assim, em 1890, possuía nove agências de bancos, quer nacionais, como o Banco do Brasil e bancos de capitais locais, quer estrangeiros, como o já citado The London and Brazilian Bank Limited. Sua população era de cerca de 100 mil habitantes em 1900 e suas funções compreendiam, entre outras, segundo Silva: *desde o frete de vapores até o financiamento da produção através de suas casas aviadoras. Era a sede das companhias de maior vulto, nacionais ou estrangeiras, do norte do país.*

Segundo ainda Ferreira da Silva, sua hinterlândia abrangia toda a Amazônia, a qual controlava através das *dívidas contraídas pelas áreas de produção do Amazonas com as casas aviadoras nelas localizadas.*

Pequena metrópole no contexto do mundo amazônico, constituía-se no ponto de articulação entre a hinterlândia amazônica e o mundo exterior.

O *boom* da borracha, gerador do crescimento urbano de Belém, ao atrair capitais e mão-de-obra para as atividades vinculadas à borracha, provocaria o declínio da atividade agrícola. Isto afetaria o abastecimento da capital paraense. Várias tentativas de colonização agrícola com imigrantes estrangeiros foram feitas, todas redundando em fracasso. A colonização das terras ao longo da Estrada de Ferro de Bragança, realizada pelo governo paraense, com imigrantes nordestinos, visava resolver o problema do abastecimento de Belém. O período que se estende entre as últimas décadas do século XIX e a primeira década do século XX via a criação de numerosas colônias cujas sedes transformaram-se em núcleos urbanos, tais como Benevides, Ananindeua, Castanhal, Inhangapi, Igarapé-Açu e Capanema. Por outro lado, possibilitou um certo revigoramento do antigo centro urbano de Bragança, que se transformou em "ponta de trilhos".

Trata-se, em realidade, de uma primeira mudança na natureza da rede urbana, envolvendo as seguintes modificações: gênese dos núcleos urbanos; fruto da colonização oficial; dependência a produtos destinados ao mercado regional e não para exportação; sítio em terra firme e não em um terraço fluvial; localização à beira de uma ferrovia e não de rios que convergiam para Belém. Mas estas mudanças, que se associam ao processo de criação da zona de maior densidade urbana da Amazônia, constituem-se em um subproduto da expansão da borracha em seu momento de máxima valorização. Não caracterizam, por isso, nenhuma fase específica do processo de elaboração da rede urbana. Mas vários dos aspectos próprios desse setor da rede urbana amazônica irão caracterizar vários segmentos da mesma rede no período pós-1960.

b) As relações entre os núcleos de povoamento: o mecanismo de "aviamento"

À expansão e ao revigoramento urbano decorrentes da ampliação do extrativismo da borracha, verificou-se, concomitantemente, um processo de intensificação das relações entre os núcleos de povoamento. Este relacionamento fundamentou-se em tonelagens crescentes de produtos que circulavam pela densa rede fluvial amazônica, quer matérias-primas, a borracha em primeiro lugar, quer bens de consumo, sobretudo aqueles de consumo mais freqüente, como charque, sal, açúcar, cachaça, café, farinha e fumo, quer ainda os poucos instrumentos de trabalho necessários às atividades extrativistas. A intensificação das relações entre os núcleos de povoamento, que resulta de uma circulação mais intensa de mercadorias, tem como mecanismo básico o sistema de "aviamento", através do qual se viabilizam tanto a produção, a circulação e o consumo, como, no plano político, a estrutura de poder.

As relações intensificadas entre os diferentes núcleos de povoamento vão se traduzir, no entanto, em uma forte concentração de atividades e população urbanas, primeiramente em Belém e, em segundo lugar, em Manaus. Esta dupla concentração, rompendo a sólida e tradicional primazia de Belém, passa, desde então, a caracterizar a rede urbana amazônica.

A organização espacial do sistema de "aviamento", que é, em realidade, o próprio funcionamento da rede urbana, pode ser sumariada através das palavras de Oliveira Santos: *No topo, ficavam as grandes casas aviadoras e exportadoras, que funcionavam como financiadoras, abastecedoras e intermediárias, fornecendo os bens de consumo e instrumentos de trabalho necessários à exploração dos seringais e cauchais a um aviador menor, que podia ser o dono de um estabelecimento comercial em povoados próximos dos seringais. Este, cobrando juros, aviava o seringalista, que, por sua vez, através do regime de barracão (local onde os produtos eram armazenados e onde era marcada a dívida do extrator que ali, compulsoriamente, se abastecia), aviava o coletor e, depois disso, a cadeia se invertia, começando o processo de entrega da borracha, até chegar ao mercado internacional: o extrator entregava o produto coletado ao seringalista, que o entregava ao comerciante e este a cada exportadora em Belém e Manaus. A partir daí a goma elástica chegava ao seu destino na Inglaterra, Estados Unidos e outros países.*

A rede urbana amazônica funcionava, em realidade, como um conjunto dendriticamente articulado de localizações, cujo papel mais significativo era o de viabilizar a extração de um excedente que, no plano regional, garantia o poder econômico e político de uma elite mercantil localizada em Manaus e, sobretudo, em Belém, e, no plano internacional, viabilizava, através dos baixos preços impostos à borracha, novos empreendimentos industriais de países como os Estados Unidos, Inglaterra, França e Alemanha.

O excedente extraído e que circulava através da rede de núcleos de povoamento resultava de três fontes, conforme indica Oliveira Santos: a diferença de preço da borracha à medida que esta passava do seringueiro ao seringalista-"aviador", ao comerciante-"aviador", daí ao grande comerciante-"aviador" e deste ao exportador; em segundo lugar, derivava, de acordo com o historiador Roberto Santos, da *transferência compulsória para o extrator, de alguns encargos tipicamente do seringalista, nomeadamente o de custear os instrumentos de trabalho e a respectiva reposição, o que era possibilitado pelo fato de se conceituar o seringueiro como trabalhador autônomo* e, finalmente, dos lucros e juros exorbitantes que se extraíam, ao longo da cadeia de "aviamento", pela venda de bens de consumo destinados, em última instância, ao seringueiro localizado na floresta.

Deste modo, os núcleos de povoamento constituíam-se em uma rede dendrítica da drenagem que culminava no exterior. No entanto, deixava uma parcela do excedente nos núcleos urbanos, especialmente Manaus e Belém, as capitais econômicas e políticas da Amazônia.

c) Os melhoramentos urbanos

A acumulação em Manaus e Belém dos excedentes oriundos do sistema de "aviamento" e a conseqüente concentração do poder político nas duas capitais, iriam refletir-se no investimento, tanto a partir do Estado como de capitais privados, em obras de melhoramentos urbanos, alterando assim a paisagem urbana. As duas cidades, locais de residência de poderosos seringalistas-aviadores, e sedes do grande comércio "aviador" e de exportação, deveriam espelhar, através de uma nova paisagem e infra-estrutura, o poder e a pujança econômicos daqueles que, à custa do enorme sacrifício e espoliação dos seringueiros isolados em suas "barracas" na floresta, rápida e fugazmente tornaram-se ricos. O Teatro da Paz, em Belém, e, especialmente, o majestoso Teatro de Manaus, simbolizam o poderio da elite gerada pelo comércio da borracha.

Além dos investimentos na navegação, instalações portuárias e ferroviárias, o capital estrangeiro foi também investido em serviços públicos eminentemente urbanos, tal como acontecia nas cidades do Rio de Janeiro e São Paulo. Assim, capitais ingleses criaram em Belém, já em 1866, a Companhia de Gaz do Pará e, tanto em Belém como em Manaus, linhas de bondes e de eletricidade através da Pará Electric Railways and Lighting Co. e da The Manaos Tramways and Light Co. Ltd., respectivamente. O capital francês, por outro lado, fundou a Societé des Abattoirs de Pará, mais tarde encampada pelo Estado e redenominado Matadouro Maguary.

O capital privado nacional, por sua vez, foi investido em parte em empreendimentos fundiários e imobiliários nas duas cidades, ampliando a oferta de imóveis, o espaço urbano e a acumulação.

O Estado, expressão dos interesses vinculados ao comércio da borracha, investiu sobretudo na organização do espaço urbano de Manaus e Belém, reorganizando-os, dotando-os de infra-estrutura, criando assim condições para que a euforia da fase áurea da borracha pudesse ser materializada. Assim, segundo Roberto Santos, entre 1851 e 1920, o governo do Pará, juntamente com a municipalidade de Belém, investiu maciçamente na capital paraense: 36,3% dos investimentos totais de ambas as instâncias do estado foram aplicados no sistema viário urbano; 8,5% em iluminação e força; 8,4% em portos, canais e barragens; 5,6% em rodovias e pontes, e 5,2% em igrejas.

Os melhoramentos urbanos de Manaus e Belém, expressão da euforia da borracha, cessariam de ser implantados com a consolidação da crise da borracha que se verifica ao final da Primeira Guerra Mundial, mas, enquanto cristalizações materiais de determinados processos, permaneceram na paisagem urbana, contribuindo para a organização espacial atual.

6) A estagnação econômica e os efeitos na rede urbana

Antes mesmo que as exportações brasileiras de borracha alcançassem 10 mil toneladas anuais, já havia sido lançada a semente que resultaria, mais tarde, na derrocada das exportações brasileiras. Assim, em 1873 e 1876, de acordo com os interesses coloniais ingleses representados pela India Office, foram transferidas para o jardim botânico de Kew, em Londres, sementes e mudas de seringueiras as quais foram, posteriormente, enviadas aos jardins botânicos do Ceilão e de Singapura. Na década de 1880, sementes e mudas foram distribuídas para toda a Ásia quente e úmida, de modo que em 1910 já haviam sido plantados 60 milhões de pés de seringueiras. Nesse ano, a produção asiática alcançou cerca de 8.700 toneladas contra cerca de 41 mil produzidas pelo Brasil.

No período de 1911-20, viria a produção de borracha da Ásia ultrapassar de muito a produção brasileira: em 1915, o país produziu cerca de 37 mil toneladas contra cerca de 107 mil produzidas pela Ásia através de suas *plantations;* em 1919, a produção brasileira caiu para 34 mil toneladas, enquanto a asiática pulou para 382 mil toneladas. A Ásia possuía, já em 1920, cerca de 1.700 mil hectares e cultivados com seringueiras, cujo número era superior a 300 milhões de pés. Assim, o Brasil, que produzira 90% de borracha em 1890, no período de 1915 a 1919 produziu apenas 12%, e no período de 1925 a 1929, menos de 2% do total mundial.

Desse modo, a valorização da borracha brasileira no final do século XIX e início do século XX constituiu-se em um processo de espera por parte dos países industrializados para a produção racional da borracha asiática. Produção esta que reunia desde 1908 os produtores — pequenos e grandes, vinculados ao grande capital — em uma poderosa associação, a Rubber Growers Association que, em 1918, já concentrava 858 produtores e possuía um setor de pesquisas sobre a seringueira e a utilização da borracha, conforme indica Le Cointe.

As perspectivas para a borracha já aparecem sombrias após 1910, quando os preços no mercado internacional começaram a cair. Verificaram-se numerosas falências de casas "aviadoras", havendo paralelamente o abandono de seringais, o que implicou a diminuição do tráfego fluvial, o desemprego urbano e nos seringais, a crise de alimentos obtidos, sobretudo, via sistema de "aviamento", e o aumento das dívidas públicas interna e externa.

Algumas medidas foram tardiamente esboçadas visando manter elevados os preços da borracha e a posição do Brasil no mercado internacional. Assim, em 1911, foi criada a Liga dos Aviadores, um órgão de classe que visava proteger os ameaçados interesses mercantis regionais. Ainda em 1911, cria-se o Convênio Pará-Amazonas que, na esfera oficial, visava defender os interesses vinculados ao comércio da borracha. Em 1912, o governo federal cria o Plano de Defesa da Borracha, na realidade um verdadeiro projeto de desenvolvimento regional envolvendo a heveicultura, industrialização da borracha, imigração, saúde, transportes, a produção agrícola para fins alimentares e a pesca. Semelhantemente ao Convênio Pará-Amazonas, o Plano de Defesa da Borracha ficou no papel, nada tendo sido realizado em termos objetivos.

Algumas tentativas de implantação da heveicultura foram feitas, mas ou fracassaram ou não passaram de modestos empreendimentos. Citam-se a já mencionada *plantation* da The Brazilian Rubber Trust, em Anajás, a da Compagnie Agricole et Commerciale du Bas-Amazone, em Óbidos, e a conhecida e fracassada experiência da Ford em Belterra.

À decadência do extrativismo e à falta de perspectivas futuras para a borracha, verificou-se, concomitantemente, a inexistência de outros produtos da magnitude econômica da borracha: implantou-se, assim, após a Primeira Guerra Mundial, uma estagnação econômica regional que teria reflexos na rede urbana.

Estagnação que se traduziria, primeiramente, não apenas na diminuição do afluxo migratório para a Amazônia, mas também pela existência de um certo refluxo para as áreas de origem. Assim, Santos calcula que, entre 1910 e 1920, a população regional teria diminuído 1,1%, decaindo de 1.217.024 habitantes para 1.090.545. Em 1940, a população regional ascendia para 1.462.420 habitantes, ou seja, cresceu 34,09% em 20 anos, quer dizer, em média 1,7% ao ano, o que é seguramente inferior ao crescimento vegetativo. Este fato por si só afetaria a rede urbana através da perda de mercado.

Acresce ainda que, tendo em vista a tentativa dos seringalistas de se libertarem do comércio de Belém e Manaus, que os abastecia de gêneros alimentícios, foi permitida a agricultura de subsistência nos seringais pelos seringueiros. Isto tornou o seringal menos dependente das cidades, afetando a vida comercial destas.

A decadência do extrativismo da borracha, o refluxo populacional e a relativa autarcização dos seringais afetaram a rede urbana. A diminuição absoluta da população das pequenas cidades foi uma das conseqüências. Mesmo mais tarde, no período 1940-1950 pequenas cidades criadas pelo *boom* da borracha apresentavam um crescimento demográfico inferior ao vegetativo de sua população: Brasiléia, por exemplo, passa de 1.469 habitantes para 1.634, apresentando um crescimento decenal de 11,23%. Também são os casos de Sena Madureira e Xapuri, ambas com população em 1940 e 1950 inferior a dois mil habitantes: entre 1940 e 1950, apresentaram um crescimento de 10,71% e 6,52%, respectivamente.

No entanto, no período que se estende de 1920 a 1960, aproximadamente, alguns dos pequenos núcleos urbanos apresentaram um crescimento relativamente importante. Referimo-nos às cidades que, por fatores localizados em suas áreas de influência, não apenas não decaíram como apresentaram um certo dinamismo. Um primeiro exemplo é o de Marabá (2.894 habitantes em 1940 e 4.536 em 1950), que apresentou um relativo dinamismo por ter se tornado, durante a década de 1920, o principal centro de comércio da mais importante área produtora de castanha-do-pará, um produto do extrativismo vegetal cuja coleta já se fazia no século XVIII, anterior à valorização da borracha, conforme indicam, entre outros, Dias e Velho.

Outro é o caso das cidades do médio Amazonas, revalorizadas a partir de 1935, aproximadamente, pela introdução e difusão, pelos japoneses, da cultura da juta, praticada nas várzeas do Amazonas, no trecho entre Manaus e Santarém. O relativo desenvolvimento das cidades do médio Amazonas seria notado por Rochefort ao contrapor, de um lado, as cidades das áreas das *plantations* de juta, e de outro, as cidades da área de extrativismo vegetal. Assim, em 1940, Santarém, a terceira cidade da Amazônia, possuía uma população de 7.527 habitantes, população esta que, em 1950, ascendeu para 14.061, garantindo-lhe, ainda, o terceiro lugar na rede urbana regional. As pequenas cidades de Parintins e Itacoatiara, por sua vez, situadas no vale do médio Amazonas, eram importantes centros de comércio e beneficiamento de juta, um produto destinado, sobretudo, às fábricas paulistas de sacaria.

É conveniente lembrar que, à semelhança do que se verificou com a borracha, tanto a produção da castanha como da juta estavam submetidas ao sistema de "aviamento", sistema este que, regionalmente, culminava em Belém: no caso da castanha, no que se refere ao plano extra-regional, no exterior, enquanto no caso da juta, em São Paulo. Neste sentido, a cultura da juta, destinada sobretudo ao mercado nacional, se constituiria em elemento de integração da região amazônica à economia nacional.

Razões de ordem político-estratégica fizeram com que, no início da década de 1940, parte da periferia da Amazônia fosse desmembrada dos estados do Pará e Amazonas, originando os territórios do Amapá, do Rio Branco (atual Roraima) e Guaporé (atual estado de Rondônia). A criação de unidades administrativas novas implicou o aparecimento de novas funções urbanas, sobretudo aquelas vinculadas às atividades governamentais. Isto, por sua vez, implicava um crescimento significativo de Macapá, Boa Vista e Porto Velho, capitais dos territórios. De fato, estas cidades, às quais se acrescenta Rio Branco, capital do território do Acre, apresentaram um crescimento demográfico muito significativo. A população delas passou de 10.503 habitantes para 34.287, apresentando um crescimento de 226,44% entre 1940 e 1950. Representou mais de 20 mil pessoas, ou seja, 13,58% do aumento da população urbana de toda a Amazônia no período em tela.

Entre 1920 e 1960, no entanto, foram as cidades de Belém e Manaus as relativamente mais afetadas pela estagnação econômica. Inicialmente, é conveniente mencionar que a crescente competição que se estabelecera entre elas declina após a crise da borracha, o produto que gerara o crescimento de Manaus: esta que se tornara pouco a pouco uma séria rival de Belém, volta a ser fortemente dependente, em termos econômicos, da capital paraense. Sua autonomia em face de Belém somente se processaria após 1960, sob a ação de novos fatores externos à Amazônia.

A estagnação econômica regional, por inércia, iria ratificar a posição de Belém e Manaus na rede urbana regional. Ambas se tornariam focos parciais do êxodo proveniente dos seringais. Assim, em 1940, Belém possuía 175.764 habitantes, mais de 2,5 vezes a população de Manaus, então com 66.854 habitantes. As duas capitais concentravam nada menos que 59,78% do total de uma população urbana que representava 27,74% da população total, 1.462.420 habitantes. No entanto, concentravam 79,13% do pessoal ocupado na indústria e 37,26%, no comércio de mercadorias, atividade que apresentava um padrão locacional altamente disperso.

A primazia de Belém, no entanto, era inconteste em 1940. Concentrava 43,31% da população urbana regional, 59,78% do pessoal ocupado na indústria, exercendo, ainda, poderosa concentração das atividades financeiras: das 14 unidades bancárias existentes na Amazônia (matrizes, agências e casas bancárias), oito estavam em Belém, sendo quatro matrizes e quatro agências, incluindo-se duas agências de bancos estrangeiros. Manaus, por sua vez, possuía quatro, e Rio Branco, duas unidades. Mas ressalta-se que essas 14 unidades bancárias representam cerca de 1% das 1.360 unidades existentes no país, indicando a natureza pouco monetizada da economia regional, fortemente dependente do sistema de "aviamento" que, a despeito da crise da borracha, manteve-se como o mais importante mecanismo econômico regional.

A rede urbana da Amazônia caracterizava-se, em 1960, em um dos marcos do período em questão pela macrocefalia de Belém, então como 377.777 habitantes, seguida pela capital amazonense, com 154.432: ambas concentravam 54,52% da população urbana regional, 52,71% do pessoal ocupado na indústria e 37,95% no comércio.

A estas duas cidades seguia-se um conjunto de centros com população entre 10 mil e 30 mil habitantes, aí compreendidas as quatro capitais perifericamente localizadas, Macapá, Boa Vista, Rio Branco e Porto Velho, a cidade de Santarém, no médio Amazonas, e outras duas localizadas nas proximidades de Belém, Bragança e Abaetetuba. Além desses núcleos, pontualmente localizados, se poderia considerar a zona bragantina e o vale do médio Amazonas áreas onde a rede urbana regional apresentava segmentos relativamente importantes.

Durante o período em tela, novas formas espaciais são introduzidas na Amazônia, anunciando novos padrões que a rede urbana regional apresentaria no período seguinte: a *company town*, a "corrutela" e o núcleo rural-urbano do "centro".

A *company town* é um núcleo implantado por uma grande empresa industrial que controla tudo o que ali se passa. Seu papel é o de ser local de residência da força de trabalho e dos quadros médio e superior, e centro de apoio às atividades da empresa praticadas nas proximidades do núcleo. Os núcleos da fracassada experiência de heveicultura da Ford, em Fordlândia e Belterra, nas proximidades de Santarém, são exemplos clássicos. Na década de 1950, a Indústria, Comércio e Mineração — ICOMI — implanta junto à serra do Navio, no Amapá, o núcleo de Vila Terezinha, uma *company town* ligada à atividade da mineração e exportação de manganês.

A mineração praticada espontaneamente, não vinculada diretamente ao grande capital, iria criar, durante a década de 1940, acampamentos temporários de garimpeiros localizados à beira dos grandes rios, como o Araguaia e o Tocantins. Eram as denominadas "corrutelas" a que se refere Velho. Mais tarde, se expandirão em outros vales da Amazônia, originando pequenos núcleos de povoamento.

Finalmente, após a Segunda Guerra Mundial, foram criados pequenos núcleos, originalmente rurais, localizados longe dos rios, fugindo ao padrão ribeirinho, da "beira", estabelecendo um padrão de "centro" em plena mata e servidos por uma picada ou uma estrada carroçável. A criação desses núcleos, pouco numerosos ainda, se daria em função de uma frente de expansão de pequenos agricultores que, provenientes do Nordeste, particularmente do Maranhão, iria começar, com sua agricultura itinerante, a devassar a floresta amazônica em seu setor oriental. O exemplo do povoado de São Domingos das Latas, atual São Domingos do Araguaia, descrito por Velho, é notável. A partir de 1960, a criação desses núcleos rurais-urbanos e urbanos, em plena "terra-firme, será um dos elementos caracterizadores das transformações na rede urbana amazônica, alterando, em parte, um padrão espacial longamente estabelecido que se caracterizava pela localização ribeirinha dos núcleos urbanos".

7) A "fronteira do capital" e as transformações na rede urbana

A partir da década de 1950, verificou-se, em escala mundial, a retomada da expansão capitalista que implicou, entre outros aspectos, transformações na organização espacial dos países do Terceiro Mundo. Transformações estas que, no entanto, verificaram-se espacialmente de modo desigual. A industrialização de certos pontos do território ou de pequenas regiões e a valorização de outras, através da agropecuária ou via extração mineral, constituíra-se em exemplos típicos de tais transformações realizadas "pelo" e "para" o capital.

Essas transformações resultaram do investimento maciço de capital em certos setores de atividades, tendo implicado a necessária criação ou ampliação do mercado de força de trabalho, pronta para ser utilizada pelo capital. Mudanças na estrutura agrária de certas regiões, envolvendo o progresso técnico, concentração fundiária e mudanças nas relações de produção, bem como deslocamentos populacionais para a periferia das grandes cidades e territórios periféricos, a denominada "fronteira de recursos", são resultados que têm as mesmas raízes e a mesma finalidade, isto é, viabilizar a acumulação de capital.

No caso brasileiro, a maciça industrialização verificada em certas áreas do Sudeste no período 1956-1960, ratificando a hegemonia desta região, foi acompanhada por uma política de incorporação mais efetiva das regiões Centro-Oeste e Norte que, no Brasil, passaram a constituir-se em "fronteiras do capital". É no âmbito desta "fronteira" que, a partir de 1960, verificou-se um conjunto de transformações que, entre outros fatores, dizem respeito à rede urbana. E é nos termos dessas transformações que se inicia um novo período da rede urbana da Amazônia.

a) A "fronteira do capital"

A incorporação da Amazônia ao processo geral de expansão capitalista no país verifica-se a partir de sua transformação em "fronteira do capital". Dada a dimensão territorial dos recursos — a floresta, a terra, o potencial hidrelétrico e os minérios —, bem como a dimensão dos capitais disponíveis, o capitalismo criou na Amazônia uma fronteira ampla e extremamente diversificada que envolve uma variedade de agentes, propósitos e ações, bem como conflitos também distintos.

A incorporação que se verifica a partir de 1960 não significa mais, como lembram Cardoso e Müller, uma integração de natureza cíclica à divisão internacional do trabalho sem a criação de uma divisão interna do trabalho. Trata-se agora de uma efetiva integração, que foi viabilizada pela magnitude do capital constante aí implantado e pelo afluxo da força de trabalho que para lá se deslocou. O discurso oficial, por outro lado, ao falar em integração nacional, ocupação de vazios demográficos e desenvolvimento, estava, no plano ideológico, justificando a incorporação capitalista da Amazônia.

A integração atendia, simultaneamente, a vários propósitos da burguesia nacional e do capital estrangeiro, e contou com a participação do Estado brasileiro. Dada a dimensão dos recursos a serem investidos e o tempo necessário para o seu retorno, os custos desses investimentos foram socializados: o Estado foi o responsável pelos investimentos em infra-estrutura a serem realizados, sendo o avalista e repassador dos recursos provenientes do exterior. Por outro lado, e complementarmente, coube ao Estado estabelecer um conjunto de políticas que concretizasse aqueles propósitos. Tais propósitos foram os seguintes:

1) controle do excedente demográfico rural, seja do Nordeste, seja do Centro-Sul do país. Controle no sentido de disciplinamento locacional do excedente rural, minimizando o afluxo para as periferias metropolitanas e, ao mesmo tempo, criando na Amazônia um mercado de força de trabalho para o capital.

A criação, em 1970, do Plano de Integração Nacional — PIN — e do Instituto Nacional de Colonização e Reforma Agrária — Incra —, dos quais se originaram projetos de colonização dirigida ao longo da Rodovia Transamazônica, implantada também a partir de 1970, e da BR-364, que atravessa todo o estado de Rondônia, é resultante desse propósito.

2) incorporação da Amazônia ao mercado de consumo de produtos industrializados e de matérias-primas. Tendo em vista este propósito criaram-se, em 1960, a ligação rodoviária entre Belém e o Sudeste do país através de Brasília e, mais tarde, as rodovias para Porto Velho (BR-364) e Santarém (Cuiabá-Santarém). Deste modo, a produção industrial do Sudeste alcançou a Amazônia ao mesmo tempo que esta passou a enviar matérias-primas para o Sudeste, como é o caso da cassiterita.

A criação, em 1968, do Comitê Coordenador dos Estudos Energéticos da Amazônia, da Companhia de

Pesquisas e Recursos Minerais — CPRM —, em 1969, e do Projeto Radar da Amazônia — Radam — em 1970, permitiriam mais precisa avaliação dos recursos naturais da Amazônia, o que possibilitaria a implantação de grandes projetos que irão afetar a rede urbana. A criação da Superintendência da Zona Franca de Manaus — Suframa —, em 1967, por outro lado, iria viabilizar a implantação de um distrito industrial que iria suscitar sensíveis repercussões na rede urbana.

Os projetos que foram criados — hidrelétricas, mineração em grande escala, reflorestamento e fabricação de celulose — ao lado das estradas, portos e aeroportos representavam a inserção da Amazônia no mercado mundial, através de empréstimos ao Estado, de produtos industriais. Na realidade, desde 1960, a Amazônia tornara-se, segundo as palavras de Hébette: ... *mercado para a engenharia, as construtoras, os fabricantes de equipamentos; tinha-se implantado rodovias megamétricas e asfaltado uma delas, instalado redes de telecomunicações usando microondas e satélites, criando uma rede de portos e aeroportos modernos, alguns dos quais de classe internacional. Era a infra-estrutura básica para trocas ágeis de informações, produtos e pessoas indispensáveis a uma gestão capitalista. Ela ia ser completada progressivamente pela formação de uma malha de instituições financeiras e de agências bancárias que agilizassem, por sua vez, o movimento arterial de dinheiro até as sedes dos menores municípios, certas vilas e até canteiros de obras.*

3) controle capitalista dos recursos naturais, que vai se traduzir pela apropriação de enormes glebas de terras ricas em madeiras, minérios e solos para a agropecuária. Tendo em vista este propósito, criou-se, em 1966, a Superintendência do Desenvolvimento da Amazônia —

Sudam — e organizou-se seu agente financeiro, o Banco da Amazônia S.A. — BASA —, que viabilizou a ocupação privada da Amazônia. A partir de então, se ratifica ampliadamente a frente pastoril e especulativa ao longo da Rodovia Belém-Brasília e no sul do Pará.

Impõe-se uma estrutura fundiária marcada pela grande propriedade rural, em que grandes grupos pecuaristas, empresas nacionais do setor industrial e de serviços, bem como grandes corporações estrangeiras, estão presentes, controlando milhares e milhares de hectares de recursos. Impõe-se, também, o trabalho assalariado temporário, que tem sua origem na expropriação dos pequenos agricultores, que, em busca de terras, penetraram a região. Os conflitos que daí emergiram, sobretudo na porção oriental, originaram o Grupo Executivo de Terras do Araguaia e Tocantins — Getat —, a contrapartida do lado do Estado capitalista para a questão fundiária na referida área.

Controle do excedente rural e criação de uma força de trabalho disponível para o capital, inserção da Amazônia no mercado capitalista de produtos e o controle dos recursos naturais constituem-se nas bases em que se erigiu a "fronteira do capital" na Amazônia. Esta criação implicou mudanças na esfera produtiva e nas relações de produção as quais, por sua vez, vão implicar transformações na rede urbana.

b) As transformações na rede urbana

Em face das mudanças na esfera produtiva e nas relações de produção, envolvendo a ocupação espontânea ou dirigida da região, a abertura rodoviária, a implantação de grandes projetos agropecuários, de mineração, hidrelétricos e ligados à industrialização, verificam-se transformações na rede urbana que, simultaneamente, refletem e viabilizam essas mudanças.

Tais transformações referem-se ao aparecimento, em escala mais ampla, de outros modelos de gênese de cidades e de novas funções urbanas, à dependência da rede urbana a um maior número de produtos e às alterações no tipo de sítio, paisagem urbana e no padrão espacial da rede de cidades: a localização no "centro", em áreas de "terra-firme", em detrimento da "beira", em um terraço ou várzea alta, junto a um rio navegável, constituem mudanças que significam, simultaneamente, a valorização de outro sítio e a ruptura do tradicional padrão espacial dendrítico da rede urbana.

As transformações que se verificaram introduziram, ainda, novos agentes no processo produtivo, tornando mais explícito e patente o papel das grandes corporações e do Estado capitalista na evolução da rede urbana; por outro lado, foram ampliadas as relações espaciais da Amazônia com o exterior e o Sudeste do país.

Simultaneamente, as formas espaciais e as funções urbanas herdadas do passado continuam presentes porque se fazem necessárias nas áreas da Amazônia ainda pouco afetadas pelas transformações acima referidas: as cidades do vale do rio Negro e dos médios vales dos rios Purus e Juruá constituem-se, ainda, em núcleos caracterizados por outros tempos espaciais.

Pode-se, efetivamente, resumir as transformações que afetaram a rede urbana amazônica, considerando, primeiramente, a acentuação da urbanização regional e a ratificação do processo de concentração urbana nas cidades capitais, especialmente Belém e Manaus. Em segundo lugar, considerando a elevação de Manaus à categoria de centro metropolitano regional, dominando a Amazônia ocidental. Em terceiro lugar, considerando o revigoramento de velhos e estagnados núcleos urbanos. E, por fim, através da criação de novos núcleos de povoamento, cidades e futuras cidades.

i) a urbanização concentrada

A urbanização da população amazônica foi ampliada enormemente nas últimas décadas. Em 1940, a população urbana representava 27,7% do total; em 1960, ascendia para 37,7%, alcançando, em 1980, 51,6% do contingente demográfico regional. Esta progressiva urbanização dá-se, no entanto, em uma região com população total inferior a seis milhões de habitantes em 1980 e com muito baixa densidade demográfica: menos de dois habitantes por quilômetro quadrado. Trata-se, portanto, de uma área escassamente povoada, mas com significativa população urbana.

A urbanização da Amazônia apresenta, por outro lado, elevada concentração em poucos centros urbanos, concentração esta que vem sendo ratificada nas últimas décadas. Assim, em 1960, a população das seis capitais político-administrativas, Belém, Manaus, Porto Velho, Macapá, Rio Branco e Boa Vista, representava 62,1% da população urbana regional: Belém e Manaus sozinhas eram responsáveis por 54,5% do efetivo urbano da Amazônia. Em 1980, os referidos percentuais eram 64,3% e 53,8%, respectivamente. Portanto, as transformações que vêm ocorrendo na Amazônia têm privilegiado sobremaneira as cidades capitais: isto fica evidente quando se verifica que, entre 1960 e 1980, 65,4% do aumento de população urbana regional foram devidos ao crescimento das seis cidades mencionadas.

Esta urbanização concentrada reflete, de um lado, o papel do Estado através da criação, nas capitais, de um número crescente de instituições vinculadas às novas atividades implantadas e em implantação na Amazônia. Trata-se de numerosos órgãos da administração direta, fundações e empresas estatais ligadas à gestão daquelas atividades. Focos de vida econômica, política e administrativa, as capitais constituem-se em pontos de atração de empresas privadas não apenas diretamente vinculadas às atividades regionais, mas, também, aos serviços e ao comércio para a população urbana. Todas estas atividades implicam um ponderável mercado de trabalho.

A urbanização concentrada reflete, também, a política de industrialização concentrada em Manaus, cuja população cresceu 2,1 vezes no período 1970-1980. Assim, a concentração ratificada incorpora um novo significado, que é decorrente da natureza das transformações que afetaram a Amazônia. A concentração reflete, outrossim, o processo migratório decorrente da decadência ou transformação das atividades agropecuárias, extrativistas e vegetais de áreas de ocupação antiga, como a zona bragantina, a ilha de Marajó, o vale do médio Amazonas e a parte oriental do território acreano. As cidades capitais têm se constituído em receptáculos de parte da população migrante: as favelas na cidade do Rio Branco, por exemplo, representam excelente amostra desta faceta da urbanização concentrada.

ii) a ascensão de Manaus à categoria metropolitana

A urbanização concentrada revalorizou, especialmente, a cidade de Manaus, erigindo-a em metrópole regional da Amazônia ocidental. Seu crescimento foi notável no período 1960-1980: sua população passa de 152.432 habitantes em 1960 para 283.685 em 1970 e 611.763 em 1980. Este crescimento resulta dos efeitos da política de industrialização da capital amazonense através das vantagens oferecidas pela Suframa: entre 1960 e 1980, o pessoal ocupado nas atividades industriais ascende de 4.076, em 1960, para 8.606, em 1970, e 48.005, em 1980, representando um aumento de 10 vezes. O crescimento industrial, por sua vez, suscita a expansão do setor terciário não apenas de apoio direto às atividades industriais, mas, sobretudo, em função do mercado consumidor criado na cidade.

Quando comparado ao de Belém, verifica-se que o crescimento de Manaus foi muito superior. Assim, em 1960, a população de Manaus representava 40,3% da população de Belém, passando a representar em 1980 quase 60%. Por outro lado, em 1960, a cidade de Belém possuía 6.753 pessoas ocupadas na atividade industrial, enquanto Manaus possuía 4.076; em 1980, os números eram 24.151 e 48.005, respectivamente. No entanto, no setor comercial, Belém dispunha de vantagem sobre Manaus: 34.359 pessoas ocupadas contra 24.696 em 1980.

Ainda que o desenvolvimento industrial de Manaus estivesse apoiado em uma base extra-regional — tanto o capital, as matérias-primas como os mercados são externos à região —, foi suficientemente significativo para gerar novas atividades terciárias, que acabaram por atender à escassa demanda regional. A ligação rodoviária com o Sudeste através de Porto Velho concretizou a perda do domínio de Belém sobre a Amazônia ocidental, ao mesmo tempo que Manaus transformava-se em metrópole regional, chegando mesmo a competir com Belém no médio vale amazônico em território paraense. Trata-se de uma metrópole macrocefálica e ainda pouco articulada à sua região, mas, de qualquer modo, dotada de autonomia em face de Belém.

A ascensão metropolitana de Manaus traz à tona a rivalidade que se estabeleceu com Belém no período áureo da borracha. Já na primeira metade da década de 1970, verificam-se protestos contundentes da parte dos interesses mercantins de Belém contra a penetração do capital extra-regional na região e contra a progressiva concretização da divisão da Amazônia em duas regiões subordinadas às duas metrópoles regionais. Os protestos referem-se ao "esvaziamento de Belém e de sua área de influência" e às "conexões diretas entre os diferentes espaços geográficos amazônicos e o Centro-Sul", que destroem as ligações intra-regionais, quer dizer, o domínio de Belém sobre toda a Amazônia. Os protestos referem-se ainda à "desregionalização da propriedade dos empreendimentos regionais", conforme apontado por Mendes, numa clara alusão aos grandes projetos de origem extra-regional e à perda do controle econômico por parte da burguesia mercantil de Belém, que tinha no território amazônico o seu espaço de realização.

iii) o revigoramento dos centros antigos

A abertura de rodovias de penetração concomitantemente à valorização econômica revigorou numerosos núcleos de povoamento que se encontravam em estado de estagnação ou que nunca alcançaram maior importância na área em que se localizavam.

A Rodovia BR-364 em Rondônia e a colonização aí realizada pelo Incra a partir da década de 1970 foram responsáveis pelo revigoramento notável de antigos e inexpressivos lugarejos, como aqueles criados em torno dos postos telegráficos implantados no começo do século XX pela Comissão de Linhas Telegráficas do Marechal Rondon: Vilhena, Pimenta Bueno, Ji-Paraná e Ariquemes, entre outros.

Anteriormente às transformações que os afetariam, constituíam-se em modestos centros vinculados a um decadente extrativismo da borracha e garimpagem de diamantes e cassiterita. Todos foram beneficiados pela rodovia e por projetos de colonização dirigida em suas proximidades: colônia Paulo Assis Ribeiro (Vilhena), Ji-Paraná (Pimenta Bueno), Ouro Preto (Ji-Paraná) e Marechal Dutra e Burareiro (Ariquemes), conforme indicam Neves e Lopes. Como conseqüência, o crescimento desses núcleos foi notável: Ariquemes, por exemplo, passa de 849 habitantes, em 1960, para 13.599, em 1980. Vilhena, por sua vez, outro modesto núcleo, alcança 12.575 habitantes, e Pimenta Bueno, 7.913.

Mais notável foi o crescimento de Ji-Paraná, que de 1.278 habitantes em 1960 alcança 31.645 em 1980. Pelo equipamento funcional que possui, transforma-se em importante centro de serviços em cuja área de influência estão centros urbanos menores, como Cacoal e Pimenta Bueno, bem como vários aglomerados rurais. Em outra escala dimensional e funcional, notável também foi o crescimento de Porto Velho. Beneficiou-se tanto com a política rodoviária efetivada — BR-364 e a Rodovia Porto Velho-Manaus — como pelo crescimento demográfico e econômico de sua hinterlândia, suscitando a ampliação de suas funções político-administrativas e de serviços. Sua população passou de 3.148 habitantes, em 1940, para 19.293, em 1960, e 101.162, em 1980. Seu desenvolvimento erigiu-a em capital regional de significativa porção meridional do território amazônico, incluindo Rondônia e parte dos estados do Amazonas e Acre.

A colonização dirigida, a implantação de grandes projetos agropecuários e o desenvolvimento das atividades de mineração de pequeno e grande portes viabilizados pela abertura da Rodovia Transamazônica geraram o rejuvenescimento de pequenos núcleos urbanos ribeirinhos juntos aos afluentes do Amazonas que se encontravam estagnados desde a crise da borracha. Marabá (rio Tocantins), Altamira (rio Xingu), Itaituba (rio Tapajós) e Humaitá (rio Madeira), todos servidos pela Transamazônica, são os exemplos mais expressivos. Transformaram-se em importantes centros de serviços para as atividades e população de suas áreas de influência, bem como passaram a desempenhar o papel de centros de mão-de-obra, os "peões", para os garimpos e as grandes fazendas de suas hinterlândias.

O crescimento destes centros, no período 1960-1980, foi notável: Marabá passa de 8.342 habitantes para 41.657, enquanto Altamira evolui de 2.883 para 24.812. Em ambos os casos, o incremento demográfico mais significativo deu-se no período 1970-1980. O modesto núcleo de Itaituba, por sua vez, alcança 19.584 habitantes em 1980, enquanto a decadente Humaitá, que entre 1960 e 1970 apresentara decréscimo de população, passando de 1.184 para 1.165 habitantes, alcança, em 1980, 9.862 habitantes.

É o caso também de Santarém, tradicional capital regional do médio vale amazônico, na confluência do Tapajós com o Amazonas. Cidade que se beneficiara da introdução da cultura da juta e da valorização da pecuária em sua região de influência, não conheceu a estagnação experimentada pelas cidades que dependiam exclusivamente da borracha. Assim, sua população passa de 7.527 habitantes em 1940 para 24.498 em 1960. Transformada em ponto final da Rodovia Cuiabá-Santarém, beneficiou-se do crescimento demográfico e econômico de sua hinterlândia, introduzindo-lhe novo dinamismo: sua população ascende para 51.004 habitantes em 1970 e 102.181 em 1980.

O rejuvenescimento dos antigos núcleos ribeirinhos, por outro lado, implica mudanças tanto na organização social que se diversifica — comerciantes novos, "aviadores" tradicionais, pessoas ligadas aos transportes fluvial e rodoviário, funcionários públicos, pessoas do setor comercial e de serviços, tanto formais como informais, migrantes em trânsito, "peões" etc. — como na organização espacial. A descrição de Humaitá feita por Mesquita e Bulhões é esclarecedora: *Ao longo do mesmo (rio) desenvolve-se a rua onde se localizam as casas aviadoras, demonstrando a importância do comércio de Humaitá no passado, totalmente dependente da via fluvial. Na rua que dá acesso ao entroncamento rodoviário dispõem-se estabelecimentos vinculados ao trânsito de caminhões, ônibus e carros de passageiros, típicos das localidades que se caracterizam por estarem muito próximas a nós rodoviários, tais como hotéis, restaurantes, bares, oficinas mecânicas.*

As mesmas modificações, porém com maior intensidade, verificaram-se em cidades como Marabá, dotada de maior dinamismo. Becker refere-se à existência de três áreas, a Cidade Velha, junto à confluência do rio Itacaiúnas com o Tocantins, a Nova Marabá, planejada pela Sudam, e a Cidade Nova, que cresce em direção à Rodovia Transamazônica.

Ao rápido e recente crescimento desses centros urbanos opõe-se um menor crescimento das cidades ribeirinhas ao Amazonas ou dos baixos cursos de seus afluentes. Estes centros foram afetados pela circulação rodoviária e por menor valorização de suas hinterlândias, verificando-se diminuição ou estagnação de suas áreas de influência e do papel como focos de navegação fluvial, segundo aponta, entre outros, Matznetter. Assim, a cidade de Cametá, com 5.654 habitantes em 1960, atinge 15.516 em 1980; Óbidos passa de 5.290 para 17.117, enquanto Monte Alegre, de 3.842 para 10.682. Em 1960, as três supramencionadas cidades eram maiores que Altamira, tendo sido, no entanto, superadas por esta em 1980. Mesmo as mais importantes, como Parintins e Itacoatiara, não apresentam o dinamismo das cidades da Transamazônica: a população delas evolui de cerca de 8.800 habitantes para cada uma, em 1960, para cerca de 28 mil, em 1980.

Na realidade, estabelece-se durante a década de 1970, estendendo-se pela década de 1980, uma progressiva competição entre as rejuvenescidas cidades da

Transamazônica e as ribeirinhas ao Amazonas. Assim, Altamira passa a atuar em pequenos núcleos urbanos do baixo curso do Xingu, como Porto Moz, atuando ainda no município de Prainha, cortado pela Transamazônica, mas cuja sede mantém ligações fluviais com Monte Alegre, um tradicional centro ribeirinho. É também o caso de Marabá, cuja área de influência abrange o trecho cortado pela Rodovia Transamazônica do município de Portel, cuja sede, ribeirinha ao Amazonas, está vinculada à cidade de Breves, na ilha de Marajó. Marabá, também, disputa vantajosamente com Cametá, localizada no baixo Tocantins, o domínio do crescente mercado consumidor de Tucuruí, cidade que, graças às obras da hidrelétrica de mesmo nome no Tocantins, viu sua população passar de 5.545 habitantes, em 1970, para 27.179, em 1980. Assim, a competição entre as cidades da Transamazônica e as ribeirinhas tem favorecido, sobremaneira, as primeiras, as quais passaram por um processo de rejuvenescimento.

iv) a criação de novos núcleos

A criação de atividades modernas e em larga escala, como a mineração, realizada por grandes empresas multinacionais ou nacionais, com a participação ou não do Estado, introduz repercussão na rede urbana. Repercussões que se traduzem tanto na criação de um novo tipo de cidade, a *company town*, como também pela introdução de um novo padrão de relações com o espaço exterior ao núcleo.

A *company town* implantada na Amazônia, como em outras regiões, é uma criação planejada, dotada de moderna infra-estrutura e dos serviços essenciais, e onde tudo está sob o controle, direto ou indireto, da empresa que a criou e a administra. A criação da cidade e sua manutenção fazem parte, na realidade, dos investimentos necessários para tornar viável a exploração, em larga escala, dos recursos naturais em área não habitada e sem nenhuma infra-estrutura. Cria-se então um "enclave" urbano dotado de abastecimento de água, rede de esgoto, energia elétrica, coleta de lixo, policiamento próprio, transporte coletivo, instalações de telecomunicações e moderno aeroporto.

A população aí residente, empregada da grande empresa, dispõe de hospital, escolas, clubes recreativos e esportivos, cinema, igreja, supermercados e lojas diversas localizadas em um pequeno centro comercial. O abastecimento da população em produtos perecíveis é, em alguns casos, preocupação da grande empresa, que organiza assim uma área produtora nas proximidades do núcleo urbano.

A *company town* representa uma implantação moderna na Amazônia, introduzindo uma nova paisagem e um novo estilo de vida que muito pouco ou nada têm a ver com a paisagem e a população regionais. Mas a *company town*, por outro lado, reproduz o padrão classista da cidade brasileira: bairro dos quadros técnico-administrativos superiores, bairro do pessoal de nível intermediário e bairros operários, cada um deles distinguindo-se, nitidamente, na paisagem urbana. Pelo menos em um exemplo existe uma periferia urbana, "fora dos muros", constituída por habitações rústicas, à semelhança de uma favela, que concentra uma população ligada ao núcleo planejado: é o caso do núcleo de Beiradão, localizado à magem esquerda do rio Jari, em frente ao núcleo de Monte Dourado, criação do denominado "Projeto Jari", que envolve, sobretudo, a produção de celulose.

No que se refere às relações espaciais, a *company town* apresenta-se como que autônoma em face da rede urbana tradicional da Amazônia. De seu porto, terminal ferroviário ou simplesmente do depósito de minérios saem anualmente milhares e milhares de toneladas de minérios, que são enviados diretamente para o exterior, para outros portos, exceto Belém e Manaus, os tradicionais centros de exportação da produção regional, ou diretamente, por rodovia, para os núcleos urbano-industriais do Sudeste do país.

Entre os exemplos dessas criações urbanas recentes, algumas delas implantadas durante a década de 1980, está Porto Trombetas, no município de Oriximiná, no Pará, à margem direita do rio Trombetas. É uma criação da Mineração Rio Norte S.A., um consórcio do qual fazem parte, entre outros, a Companhia Vale do Rio Doce — CVRD — e os grupos Alcan, Votorantim e Shell, e que explora e exporta bauxita. O núcleo urbano constitui-se em local de residência de cerca de 1.600 empregados diretamente envolvidos nas atividades de mineração e exportação. Outro exemplo é o do núcleo urbano de Carajás, de implantação muito recente. Constitui-se em um "enclave" da CVRD vinculado à exploração do minério de ferro, que é encaminhado por ferrovia ao porto de São Luís, no Maranhão, onde é então exportado. Localiza-se em um platô a 640 metros de altitude, perto da mina e a uma distância de cerca de 200 quilômetros da cidade de Marabá. Sua população inicialmente prevista será da ordem de 11 mil habitantes. A própria CVRD implantou, nas proximidades de Carajás, o núcleo de Parauapebas, que deveria funcionar como um núcleo auxiliar de serviços. Criado na década de 1980, sua população extravasou os limites da área planejada, ultrapassando já os 20 mil habitantes.

Em escala menor, podem ser ainda mencionados os núcleos de Oriente Novo (grupo Itaú), Jacundá (grupo Brascan) e Santa Bárbara (British Petroleum), todos em Rondônia, nas proximidades da BR-364 e vinculados à lavra mecânica da cassiterita.

A atividade mineradora, quando praticada por empresas menores ou caracterizando-se pelo não-investimento maciço de capitais, ou ainda quando assume a forma de garimpagem, gera, também, o aparecimento de núcleos de povoamento que assumem características urbanas. Alguns desses núcleos são extremamente instáveis, enquanto outros apresentam um aparente caráter de permanência. Constituem-se, também, em "enclaves" na região. A descrição feita por Mesquita e Bulhões desses pequenos núcleos em Rondônia é extremamente esclarecedora: *Do final da década de 1950 até 1971 apareceram os povoados ligados aos garimpos de cassiterita, no alto Candeias e em outras partes do Território. Eram currutelas compostas por uma população instável e miserável, de aventureiros acompanhados ou não das respectivas famílias. Esses núcleos estavam, em regra, isolados dos demais centros, sem vias terrestres ou fluviais. Apenas um campo de pouso para teco-teco os ligava a Porto Velho e Ariquemes. Um escritório, geminado a instalações precárias para concentração do miné-*

rio, abrigava-se numa construção um pouco melhor; junto a ela o barracão, onde as mercadorias trazidas de avião eram vendidas a preços extorsivos (de monopólio); uma linha de casebres, à beira do campo de pouso; muitas outras choupanas sórdidas, dispersas entre o núcleo embrionário e as catas nos aluviões. Eis o padrão de habitat *e das habitações que se encontravam em Campo Novo, Vietnã, São Domingos e outros garimpos da região.*

Os núcleos de povoamento ligados à extração de ouro aluvionário ou de terra-firme ampliaram-se em número e tamanho a partir dos anos 70 e, sobretudo, após 1980. Localizavam-se nos vales do Madeira, Tapajós, Xingu, Tocantins, Negro, seus afluentes e nas áreas de extração em depósitos não-aluvionários, como em Serra Pelada, no sul do território paraense. Um exemplo é a *currutela* de Piriquitos, junto ao rio Madeira, em Rondônia, onde no final do ano de 1985 havia cerca de três mil barracos.

Mas o maior núcleo de extração aurífera é o de Serra Pelada, que em 1985 concentrava cerca de 40 mil habitantes do sexo masculino. Núcleo de garimpeiros, não podia dispensar a existência de outro núcleo, distante cerca de 30 quilômetros. Trata-se de Curionópolis, também surgido espontaneamente e que funciona como centro de serviços para os garimpeiros. Sua população em 1985 era superior a 20 mil habitantes e, em grande parte, seus imóveis eram prostíbulos.

A abertura rodoviária, associada aos diferentes modos como se verifica o processo de ocupação não dirigida do território e aos tipos de ocupantes que se deslocam para a Amazônia — pequenos lavradores, médios e grandes fazendeiros e grandes empresas —, tem suscitado, por outro lado, o aparecimento de novos e espontâneos núcleos de povoamento. Localizam-se eles ao longo das rodovias, nas proximidades das áreas em processo de desbravamento e entroncamento de vias que se dirigem a essas áreas. Adicionalmente, a existência de um canteiro de obras rodoviárias ou posto de gasolina pode servir como ponto inicial de aglutinação da população rural, como se exemplifica com a atual cidade de Rondon do Pará, localizada ao longo da rodovia que liga a cidade de Marabá à Belém-Brasília. Segundo Velho, o núcleo surgiu de um acompanhamento do Departamento de Estradas de Rodagem — DER — no final da década de 1960; ao final do ano de 1969, ali havia mais de 300 casas, e em 1980 constituía-se em vila do município de São Domingos do Capim, contando com uma população de 11.571 habitantes.

A maioria dos núcleos espontâneos constituiu-se, inicialmente, em *habitat* rural concentrado de pequenos lavradores e posseiros, em grande parte. À medida que as fazendas de gado expandiam-se, verificando-se, simultaneamente, a expropriação dos posseiros e a ampliação do trabalho assalariado, os povoados transformavam-se em *habitat* rural concentrado de assalariados rurais temporários. Os novos povoados, surgidos mais recentemente, constituem-se, em suas origens, em núcleos de concentração da força de trabalho rural, em locais de agregação, retenção, manipulação e reprodução dos "peões", conforme aponta Machado. São exemplos, entre outros, os povoados de Jabuti (572 habitantes em 1980), localizado ao longo da Rodovia Belém-Brasília; Água Fria (471 habitantes), ao longo da Estrada Estadual PA-150, no sul do Pará, e Vila Nova (446 habitantes), na

Rodovia PA-252, não muito distante da Belém-Brasília; todos possuíam, em 1980, mais de 75% da população economicamente ativa engajada em atividades primárias.

Esses pequenos núcleos de povoamento são marcados, por outro lado, ora pela instabilidade, declinando a sua população à medida que se verificam o deslocamento das frentes de trabalho e a expropriação dos pequenos lavradores, ora por um pequeno crescimento, ora, ainda, pelo seu forte crescimento e transformação em núcleo dotado de funções de pequenos centros de serviços e de centros de circulação e reprodução da força de trabalho. São exemplos entre os povoados que adquiriram funções urbanas os de Mãe do Rio (7.771 habitantes em 1980), Vila Aurora (2.506 habitantes), Ipixuna (2.272 habitantes) e Dom Eliseu (2.436 habitantes), todos ao longo da Rodovia Belém-Brasília. Na Rodovia PA-150, no sul do Pará, destacam-se os ex-povoados de Xinguara (12.802 habitantes em 1980) e Rio Maria (9.172 habitantes): a população economicamente ativa engajada nas atividades primárias destes núcleos de povoamento varia de 25% a 60% do total.

Finalmente, o processo de colonização dirigida, com base em lotes de 100 hectares, ao longo da Rodovia Transamazônia, no trecho entre Altamira e Itaituba, calcou-se, durante o começo da década de 1970, em uma política de concentração da população rural em pequenos núcleos de povoamento e na criação de uma rede hierarquizada de pequenos centros de serviços. Deste modo, procurava-se consagrar uma prática que se tornara espontânea na Amazônia, ou seja, a da implantação do *habitat* rural concentrado, adotando-se, simultaneamente, a diferenciação hierárquica dos núcleos de povoamento: agrovila, agrópolis e rurópolis.

Esta política durou pouco tempo, passando-se a privilegiar aquela apoiada em grandes projetos agropecuários. A rurópolis Presidente Médici, localizada no cruzamento das rodovias Transamazônica e Cuiabá-Santarém, é o mais significativo exemplo da efetivação daquela política que vigorou durante a década de 1970.

Política similar foi efetivada em Rondônia, onde, ao lado do revigoramento dos pequenos e relativamente antigos núcleos de povoamento, verificou-se a criação de novos núcleos localizados ao longo da BR-364 ou em sua área de influência: constituem-se em suportes e sedes de projetos de colonização empreendidos pelo Incra. São exemplos, entre outros, as cidades de Jaru, com 5.864 habitantes em 1980, e Colorado, com 7.271, vinculadas às colônias de Padre Adolpho Rohl e de Paulo Assis Ribeiro, respectivamente.

c) O significado das transformações na rede urbana

A partir de 1960, a rede urbana amazônica, em virtude das transformações a que foi submetida, passou a ter novos significados. Não se trata mais de uma rede urbana dendrítica, com funcionalidade monotônica, a de drenagem de produtos do extrativismo vegetal e excedentes sob a forma de lucros comerciais e juros. A rede de cidades não é mais uma expressão e condição para a ação direta do capital mercantil, mas adquire novos significados derivados do fato de ter sido alterada diretamente —

através de modificações funcionais e na organização interna dos núcleos preexistentes, e da criação de novos núcleos — pelo capital industrial e financeiro e pelo Estado capitalista, agentes através dos quais verificou-se e viabilizou-se a introdução de novas atividades, população e relações sociais de produção na Amazônia.

As transformações verificadas na rede urbana significaram, primeiramente, maior complexidade funcional das cidades da rede, complexidade que define maior divisão territorial do trabalho na região. E que se traduz, de um lado, pela quebra do papel hegemônico de Belém, apoiado no comércio atacadista "aviador" e na navegação fluvial, como pela ruptura do padrão dendrítico da rede urbana. De outro, pela criação de *company towns*, *currutelas*, um importante centro industrializado e alçado à condição de metrópole regional, novos centros de serviços para as novas atividades agropecuárias e de mineração, núcleos de concentração da força de trabalho e revigoramento de velhos e estagnados núcleos urbanos.

Em segundo lugar, e correlatamente, as transformações significaram maior complexidade dos fluxos. Complexidade porque se referem à intensificação dos fluxos em geral, mas, sobretudo, à existência de um número maior de tipos de fluxos envolvendo a circulação da força de trabalho, matérias-primas diversas, produtos primários para o abastecimento urbano, produtos industrializados e excedentes sob a forma de lucros comerciais, juros e mais-valia. Complexidade ainda porque tais fluxos não covariam espacialmente, estando desigualmente espacializados, seguindo diferentes direções e reforçando a maior complexidade funcional dos centros da rede urbana.

A complexidade dos centros urbanos e dos fluxos resumem as mudanças que se processaram na Amazônia, fundamentalmente a redefinição de sua integração na divisão nacional e internacional do trabalho dentro da fase atual do capitalismo. Trata-se, em realidade, de uma crescente integração real, que exprime a subordinação real da Amazônia ao capital: a rede urbana é transformada, complexificada, para dar conta desta integração que assume várias facetas. O processo de integração é ainda incompleto, e a rede urbana encontra-se em fase de elaboração de novo padrão de articulação interna. A integração, assim como a transformação da rede urbana, ainda se processará até que a "fronteira do capital" seja esgotada. Então é provável que novo período seja iniciado.

III — Considerações Finais

Uma tentativa foi feita aqui considerando-se a questão da espaço-temporalidade dos fenômenos sociais. Na presente tentativa, muitas lacunas e inconsistências apareceram. Entre elas está o modo desigual como foram estabelecidas as articulações, em cada período, dos diversos elementos da rede urbana. Em parte isto se deve não apenas à natureza desigual dos dados de que se dispunha, como, e isto com um grande peso, à dificuldade de empiricização da espaço-temporalidade dos fenômenos sociais. Muito particularmente, deve-se ao fato de que consideramos uma história específica a da rede urbana que, como materialidade social, inscreve-se no espaço com enorme fixidez, tendo força de permanência que ultrapassa a funcionalidade para a qual foi criada.

Entendemos que a periodização elaborada contribui para a compreensão da dimensão genético-evolutiva da totalidade social, esta dimensão que, juntamente com as dimensões horizontal — as relações entre universal, particular e singular — e vertical — as relações entre a essência e a aparência — dá conta da totalidade social, da qual a organização espacial, representada no presente estudo pela rede urbana, é uma expressão.

Bibliografia

ÁLBUM do Estado do Pará. Organizado pelo Sr. Governador A. Montenegro. Paris, Imprimerie Chaponet, 1908. 350 pp.

ALTHUSSER, L. Os defeitos da economia clássica: esboço do conceito de tempo histórico. *In:* ________; BALIBAR, E. e ESTABLET, R. *Ler "O Capital"*. Rio de Janeiro, Zahar, 1980. v. 3, pp. 29-60.

O ATAQUE ao tesouro. *Veja*, São Paulo (896): 82-4, novembro de 1985.

BATES, H.W. *Um naturalista no rio Amazonas*. São Paulo, Companhia Editora Nacional, (Brasiliana, 237), 1944. 2 v.

BASTOS, A.C. Tavares. *O valle do Amazonas*; a livre navegação do Amazonas, estatística, produção, commércio, questões fiscaes do valle do Amazonas. São Paulo, Companhia Editora Nacional, (Brasiliana, 106), 1937. 441 p.

BECKER, B.K. Fronteira e urbanização repensadas. *Revista Brasileira de Geografia*, Rio de Janeiro, *47*(3-4): 357-71, 1985.

BUCH-HANSEN, M. e NIELSEN, B. Marxist geography and the concept of territorial structure. *Antipode*, Worcester *9*(2): 1-11, 1966.

CARDOSO, F.H. e MÜLLER, G. *Amazônia: expansão do capitalismo*. São Paulo, Brasiliense, 1977. 205 p.

CONFINS do mundo. *Jornal do Brasil*, Rio de Janeiro, 18 de agosto de 1985. Revista de Domingo, pp. 8-10.

CORRÊA, R.L. Repensando a teoria das localidades centrais. *In: Novos rumos da geografia brasileira.* Milton Santos (Coord.), São Paulo, HUCITEC, 1982, pp. 50-65.

CRUZ, E. *História de Belém.* Belém, Universidade Federal do Pará, 1973. 2 v. (Coleção Amazônica. Série José Veríssimo.)

DIAS, C.V. Marabá, centro comercial da castanha. *Revista Brasileira de Geografia,* Rio de Janeiro, *20*(4): 383-425, 1958.

________. Sistema urbano. *In: Geografia do Brasil.* Rio de Janeiro, IBGE, 1977, v. 1, Região Norte, pp. 425-62.

EGLER, E. A zona bragantina no Estado do Pará. *Revista Brasileira de Geografia,* Rio de Janeiro, *23*(3): 527-55, 1961.

FURTADO, C. *Formação econômica do Brasil.* Rio de Janeiro, Fundo de Cultura, 1963. 289 p.

GONÇALVES, L. *O Amazonas,* esboço histórico, chorográfico e estatístico até o anno de 1903. Nova York, Hugo J. Hanf, 1904. 117 p.

GUERRA, A.T. *Estudo geográfico do Território Federal do Acre.* Rio de Janeiro, IBGE, 1955. 294 p.

HÉBETTE, J. Grandes projetos e transformações na fronteira. *Espaço & Debates,* São Paulo, *5*(15): 75-85, 1985.

JOBIM, A. *O Amazonas: sua história* (ensaio antropogeográfico e político). São Paulo, Companhia Editora Nacional (Brasiliana, 292), 1957. 301 p.

JOHNSON, E.A.J. *The organization of space in developing countries.* Cambridge, Harvard University Press, 1970. 425 p.

KOSIK, K. *Dialética de concreto.* Rio de Janeiro, Paz e Terra, 1969. 230 p.

LE COINTE, P. *L'Amazonie brésilienne;* le pays, ses habitants, ses resources. Notes et statistiques jusqu'en 1920. Paris, A. Challamel, 1922. 2 v.

MACHADO, L. O significado e configuração de uma fronteira urbana na Amazônia. *In: Anais do IV Congresso Brasileiro de Geógrafos,* São Paulo, Associação dos Geógrafos Brasileiros, 1984, pp. 35-6.

MATZNETTER, J. O sistema urbano no Norte e Nordeste do Brasil e a influência das novas estradas. *Revista Brasileira de Geografia,* Rio de Janeiro, *43*(1): 99-112, 1981.

MENDES, A. *A invenção da Amazônia.* Belém, Universidade Federal do Pará, 1974. 193 p. (Coleção Amazônica. Série Tavares Bastos.)

MESQUITA M.G. e BULHÕES, M.G. *et alli.* A região de Porto Velho. *In:* Valverde, D. (Coord.) *A organização do espaço na faixa da Transamazônica.* Rio de Janeiro, IBGE, 1979. v. 1, pp. 226-44.

MESQUITA, M.G. e BULHÕES, M.G. Povoamento. *In*: *A organização do espaço na faixa da Transamazônica*. VALVERDE, O. (Coord.) Rio de Janeiro, IBGE, 1979. v. 1, pp. 56-79.

MIYAZAK N. e ONO, M. O aviamento na Amazônia; estudo sócio-econômico sobre a produção de juta. *Sociologia*, São Paulo, *20*(3): 366-96, 1958.

________. O aviamento na Amazônia; estudo socioeconômico sobre a produção de juta. *Sociologia*, São Paulo, *20*(4): 530-63, 1958.

MOREIRA, R. A geografia serve para desvendar máscaras sociais. *In*: ________. *Geografia, teoria e crítica*. Petrópolis, Vozes, 1982, pp. 33-63.

NEVES, A.M. e LOPES, A.M.T. Os projetos de colonização. *In*: VALVERDE, O. (Coord.) *A organização do espaço na faixa da Transamazônica*. Rio de Janeiro, IBGE, 1979, p. 80-120.

NOVACK, G. *et alii*. *La ley del desarrollo desigual y combinado*. México, Quinta Sol, 1981. 122 p.

NUNES DIAS, M. *A Companhia Geral do Grão-Pará e Maranhão (1755-1778)*. Belém, Universidade Federal do Pará, 1970, 2 v. (Coleção Amazônica. Série José Veríssimo.)

OLIVEIRA, A.E. A ocupação humana. *In*: SALATI, E.; SHUDERT, M.O.R.; JUNK, W. e OLIVEIRA, S.E. *Amazônia; desenvolvimento, integração e ecologia*. São Paulo, Brasiliense; Brasília, CNPq, 1983, pp. 144-327.

PENTEADO, A.R. *Belém do Pará; estudo de geografia urbana*. Belém, Universidade Federal do Pará, 1968. 2 v.

PRADO JR., C. *História econômica do Brasil*. São Paulo, Brasiliense, 1959. 348 p.

PROJETO Trombetas. Relatório Anual. Rio de Janeiro, 1984.

A REGIÃO de Porto Velho. Mesquita, M.G.; Bulhões, M.G. *et alii*. *In*: VALVERDE. (Coord.) *A organização do espaço na faixa da Transamazônica*. Rio de Janeiro, IBGE, 1979, v. 1, pp. 226-44.

REGIÕES de influência das cidades. Rio de Janeiro, IBGE. Difere. Inédito.

REIS, A.C. Ferreira. *O processo histórico da economia amazonense*. Belém, s. ed., 1943. 108 p.

RELATÓRIO Carajás. Rio de Janeiro, CVRD, 1985.

ROCHEFORT, M. A organização urbana da Amazônia Média. *Boletim Carioca de Geografia*, Rio de Janeiro, *12*(3-4): 15-29, 1959.

SANTOS, M. *Por uma geografia nova*. São Paulo, HUCITEC, 1978. 236 p.

________. Organização do espaço e organização social; o caso de Rondônia. *Boletim Carioca de Geografia*, Rio de Janeiro, *32*: 51-55, 1982.

SANTOS, R.A. Oliveira. *História econômica da Amazônia (1800-1920)*. São Paulo, T.A. Queiroz, 1980. 374 p.

SILVA, M.F. Ferreira da. *O desenvolvimento comercial do Pará no período da borracha (1870-1914)*. (Dissertação de Mestrado.) Universidade Federal Fluminense, 1978.

SMITH, C.A. Exchange systems and the spatial distribution of elites; the organization of stratification in agrarian societies. *In*: ________. *Regional analysis*. Nova York, Academic Press, 1976. v. 2, Social Systems. pp. 309-74.

A TRANSAMAZÔNICA que deu certo. *Isto é*, São Paulo, *494*: 92-5, junho de 1986.

VELHO, O. *Frentes de expansão e estrutura agrária*. Rio de Janeiro, Zahar, 1972. 178 p. (Biblioteca de Ciências Sociais.)

WALLACE, A.R. *Viagens pelo Amazonas e rio Negro*. São Paulo, Companhia Editora Nacional (Brasiliana, 156), 1939. 668 p.

Obs.: As informações estatísticas não seguidas de uma indicação bibliográfica são todas dos Recenseamentos Gerais do Brasil, realizados pelo IBGE.

5. Globalização e Reestruturação da Rede Urbana — Uma Nota sobre as Pequenas Cidades*

I

A globalização é entendida, no contexto do presente trabalho, como a fase superior da espacialidade capitalista que, especialmente após a Segunda Guerra Mundial, manifesta-se pelo espraiamento do capital produtivo (Palloix, 1978) vinculado a poderosas corporações que atuam em escala global. Caracterizam-se as corporações, entre outros aspectos, pela ampla escala de operações, pela diversificação de suas atividades, pela segmentação de suas unidades componentes e pelas múltiplas localizações de unidades produtivas direta ou indiretamente controladas (Corrêa, 1997).

O poder político e econômico que as corporações dispõem garante-lhes importante papel como agentes da gestão do território a partir de práticas espaciais por elas engendradas (Corrêa, 1992). A concentração da função de gestão do território, com base na concentração de sedes sociais de poderosas corporações, e muitas vezes do Estado, origina importantes centros de gestão do território, os focos principais de complexos ciclos de repro-

---

* Publicado originalmente na revista *Território*, 6, 1999, pp. 43-53.

dução do capital (Corrêa, 1996a) dos quais as denominadas cidades globais ou mundiais estão no ápice da hierarquia urbana, conforme apontam, entre outros, Cohen (1981), Friedman e Wolff (1982), e Knox e Taylor (1995).

A globalização impacta vigorosamente as esferas econômica, social, política e cultural, mas também, e simultaneamente, a organização espacial que tanto reflete como condiciona aquelas esferas. Em outras palavras, a globalização impacta, ainda que desigualmente, as formas, funções e os agentes sociais, alterando-os em maior ou menor grau e, no limite, substituindo-os totalmente. Trata-se de uma reestruturação espacial que se manifesta, no plano mais geral, na recriação das diferenças entre regiões e centros urbanos, assim como nas articulações entre ambos e entre os centros.

Os investimentos, pensados e programados segundo uma perspectiva global, criaram e reestruturaram inúmeras e complexas redes geográficas das quais a rede urbana é a expressão mais contundente. Trata-se, em toda parte, de uma rede urbana impactada pela globalização, na qual cada centro, por minúsculo que seja, participa, ainda que não exclusivamente, de um ou mais circuitos espaciais de produção (Santos, 1988), produzindo, distribuindo ou apenas consumindo bens, serviços e informações que, crescentemente, circulam por meio da efetiva ação de corporações globais, como, entre outras tantas, a Coca-Cola, IBM, Nestlé, Phillip Morris, Unilever, Exxon, General Motors, Adidas, Fiat e Toyota. E também por intermédio da rede bancária articulada globalmente.

A rede urbana é afetada pela globalização tanto por meio de *criações* urbanas recentes, em relação às quais o Brasil constitui-se em excelente laboratório para estudos, como da *refuncionalização* dos centros preexistentes, imposta ou induzida pelas corporações globais.

II

As relações entre rede urbana e corporações globais são complexas e não estão definitivamente postas. Neste artigo, pretende-se considerar dois dos possíveis efeitos da globalização sobre a rede urbana em seus escalões *inferiores* a partir, sobretudo, de evidências brasileiras. Neste sentido, pretende-se contribuir para cobrir uma lacuna na medida em que há uma nítida tendência de considerar os possíveis impactos das grandes corporações sobre o escalão superior da rede urbana, tal como se exemplifica com os estudos de Westaway (1974) sobre a rede urbana britânica, Taylor e Thrift (1980) sobre as cidades australianas e Strickland e Aiken (1984) a propósito da rede de cidades alemãs. Em realidade, os estudos envolvendo corporações e rede urbana, mesmo que não privilegiem os impactos daquelas sobre esta, consideram as grandes cidades (Goodwin, 1965; Borchert, 1978; Corrêa, 1996b, entre outros).

Mais do que isto, os esforços de reflexão empreendidos sobre o urbano e a cidade têm, preferencialmente, privilegiado as grandes cidades. De fato, estas se caracterizam por maior complexidade não apenas funcional, mas também em termos de sua estrutura social, organização interna e dinâmica espacial. No que tange às atividades, não se trata apenas da ampliação daquelas já existentes, mas, em decorrência da escala a que chegaram, do aparecimento de novas atividades, aspecto que não se verifica, ou se verifica em menor grau, nas cidades menores. Em outros termos, as grandes cidades realizaram aquele salto qualitativo de que nos fala a dialética. Sua complexidade inclui, adicionalmente, problemas específicos, de maior visibilidade, levando, com razão, à concentração de esforços de reflexão nelas.

III

Em toda parte, as pequenas cidades são numerosas. As formulações teóricas ratificam esta constatação, conforme aparece tanto na regra ordem/tamanho de cidades (Zipf, 1949; Stewart Jr., 1959), como na clássica teoria dos lugares centrais (Christaller, 1966).

As pequenas cidades, numerosas que são, geram, em regra, expressiva densidade de centros que se situam a uma pequena distância média entre si, ainda que esta possa variar de acordo com a densidade demográfica da região em que se localizam. Nas regiões densamente povoadas, o número de centros é elevado e a distância média entre eles é pequena; nas regiões escassamente povoadas, ao contrário, o número de centros diminui, aumentando a distância média entre eles (Christaller, 1966; Ullman, 1959; e Berry, 1967).

A elevada ocorrência de pequenos centros deriva, de um lado, de uma necessária economia de mercado, por mais incipiente que seja, geradora de trocas fundamentadas em uma mínima divisão territorial do trabalho. De outro, deriva de elevadas densidades demográficas associadas a uma estrutura agrária calcada no pequeno estabelecimento rural ou em *plantations* caracterizadas pelo trabalho intensivo. Decorre então uma grande demanda de bens e serviços caracterizados por limitados alcances espaciais mínimo e máximo (Christaller, 1966), responsáveis pela relativa proliferação de inúmeros centros de mercado no espaço. Deriva, adicionalmente, da pequena mobilidade espacial da população, associada aos transportes pré-mecânicos e mesmo ferroviários, sendo inexistentes ou pouco usuais o caminhão e o automóvel. A pequena mobilidade implica a ampliação, ainda mais, do número de pequenos centros de mercado.

As elevadas densidades de pequenos centros originaram-se no passado. Johnson (1970), por exemplo, indica a existência de 760 *market towns* por volta de 1500 na Inglaterra, enquanto Skinner (1964) analisa a rede dos pequenos centros de mercado periódico na China rural da década de 1940. Em relação ao Brasil, a elevada densidade de pequenos centros é notável nas regiões, entre outras, do agreste pernambucano, do sul mineiro e do alto Uruguai no Rio Grande do Sul. Monbeig (1984), por outro lado, refere-se à densidade elevada de centros no oeste paulista, resultado de um planejamento vinculado à ocupação e valorização regionais, na primeira metade do século XX, das férteis terras situadas nos diversos divisores dos afluentes da margem esquerda do Paraná. Ao longo da ferrovia que percorre cada divisor, foram criados, a cada 10 ou 15 quilômetros de distância (Monbeig, 1984, p. 347), núcleos de povoamento que rapidamente tornaram-se lugares centrais dispostos axialmente. Floresce, assim, uma rede urbana com numerosos pequenos centros.

IV

A globalização, que se manifesta de diferentes modos e por intermédio de diversos agentes sociais, concretizou-se no Brasil, ainda que desigualmente no tempo e no espaço, por meio da(s):

(a) industrialização que gerou, a partir da segunda metade da década de 1950, uma crescente produção de bens de produção, de consumo durável e consumo não durável;
(b) urbanização, tanto em termos quantitativos como qualitativos, isto é, o aumento da população urbana e a crescente adoção de um comportamento urbano, inclusive novos padrões de consumo;
(c) maior estratificação social que, entre outros aspectos, incidiria sobre maior complexidade na esfera do consumo;
(d) melhoria geral e progressiva na circulação de mercadorias, pessoas e informações, envolvendo o reaparelhamento de alguns portos, a integração rodoviária do país e a criação de uma moderna e eficiente rede de telecomunicações;
(e) industrialização do campo, implicando reestruturação fundiária nas relações de produção, nos sistemas agrícolas, em novos cultivos, dos quais o da soja é exemplar, no *habitat* rural, na paisagem agrícola, agora desprovida de homens, em breve, na criação de complexos agroindustriais;
(f) incorporação de novas áreas e refuncionalização de outras, como são exemplos a Amazônia, a partir dos anos 70 efetivamente subordinada à economia global,

e as áreas de vegetação aberta, de campo e de cerrado que tenderam a se transformar de áreas pastoris em áreas agrícolas;

(g) mudanças na organização empresarial, com a constituição e/ou entrada de grandes corporações multifacetadas e multilocalizadas, estruturadas em rede envolvendo não somente o setor industrial, mas também as atividades bancárias, o comércio varejista e diversos outros serviços; essas mudanças afetaram também, em parte, as relações interempresariais, estabelecendo formas de controle indireto, como são as franquias e subcontratações;

(h) mudanças nos setores de distribuição atacadista e varejista, no qual o modelo tradicional de vendas a atacado foi substituído em grande parte por um modelo que envolve relações diretas entre as empresas industriais por meio de suas filiais de vendas, e os varejistas; em parte, e visando o pequeno varejista que não dispõe de economias de escala, pelo moderno atacadista que dispõe de economias de escala e amplo alcance espacial, como se exemplifica com o grupo Martins, de Uberlândia; em relação ao comércio varejista, a difusão de shopping centers, mesmo em cidades médias, que teve, entre outros efeitos, de alterar padrões de comportamento espacial já estabelecidos.

Estas concretizações do processo de globalização tendem a ocorrer de forma integrada, estabelecendo um conjunto de impactos em relação aos quais o peso de cada uma é variável. Por outro lado, os impactos ainda não se esgotaram, estando em pleno curso.

Entre os impactos oriundos da globalização sobre o urbano, serão consideradas, de um lado, a *criação* de novos centros e, de outro, as *alterações funcionais* ou a *refuncionalização* dos pequenos centros preexistentes.

V

O Brasil é um país onde, no último quartel do século XX, foram criados inúmeros núcleos de povoamento em áreas de fronteira de ocupação e fronteira de modernização, ambas produtos da globalização. Surgiram, de fato, novos núcleos de povoamento em unidades federadas, como Mato Grosso, Rondônia, Tocantins, Pará, Roraima, Mato Grosso do Sul e Bahia.

Entre as criações urbanas, estão as *company towns*, núcleos planejados, criados e controlados diretamente por grandes empresas dos setores de mineração e industrial em áreas sem infra-estrutura urbana. São, assim, criações típicas, mas não exclusivas, da fronteira. Os exemplos são abundantes: Carajás (PA), associada à Companhia Vale do Rio Doce; Porto Trombetas (PA), à Mineração Rio Norte; Vila dos Cabanos (PA), vinculada à Alunorte; e Presidente Figueiredo (AM), criada pela Mineração Tabocas.

No bojo da expansão da fronteira ou da modernização de áreas já ocupadas criaram-se novos núcleos. O território mato-grossense é pródigo dessas criações empreendidas por empresas de colonização: Sinop e Alta Floresta são exemplos de núcleos criados em áreas florestais. O mesmo se pode dizer das áreas de cerrado do oeste baiano, cuja urbanização recente foi estudada, entre outros, por Santos Filho (1989) e Haesbaert (1997).

Entre os núcleos criados no processo de revalorização do cerrado baiano, estão Mimoso do Oeste, Novo Paraná, Roda Velha, Bela Vista, Balsas e Águas Claras. São criações de empresas dedicadas à valorização fundiária através de loteamentos urbanos em área de expansão agrícola, como é o caso de Mimoso do Oeste, mas resultam também da aglomeração em torno de unidades técnicas vinculadas às grandes empresas do setor de grãos, como se exemplifica com Roda Velha (Santos Filho, 1989).

No processo de incorporação da fronteira, inúmeros núcleos foram criados pelo Estado, como se exemplifica com aqueles criados pelo Incra no estado de Rondônia: Jaru e Colorado são dois dos inúmeros exemplos possíveis. Outros núcleos nasceram espontaneamente, criados por fazendeiros e "peões". Em sua origem são núcleos de concentração da força de trabalho rural, locais de agregação, retenção, manipulação e reprodução de "peões" (Becker, 1985; Machado, 1984). Xinguara e Rio Maria, na porção oriental do Pará, são eloqüentes exemplos: rapidamente, entretanto, transformaram-se em pequenas cidades.

A globalização, que se manifesta de diferentes modos em razão de suas demandas e de suas contradições, e por intermédio de diversos agentes, e não exclusivamente das grandes corporações, cria novos núcleos urbanos em áreas que passam a integrar o espaço globalizado.

A refuncionalização atinge, em graus distintos, todos os centros da rede urbana. Consideraremos no presente trabalho apenas aqueles centros com população inferior a 50.000 habitantes, ditos como pequenos.

Ao que tudo indica, a refuncionalização das pequenas cidades se realiza por meio de duas possibilidades maiores.

A primeira diz respeito à perda, relativa ou absoluta, de centralidade, acompanhada em muitos casos pelo desenvolvimento de novas funções não-centrais e ligadas diretamente à produção no campo. Essa refuncionalização deriva de uma combinação de manifestações da globalização em que alterações na circulação em geral e no processo produtivo da hinterlândia da pequena cidade desempenham papéis primordiais.

No que diz respeito às mudanças na circulação, Ullman (1959) já se referia, com base nos estudos realizados nas décadas de 1920 e 1930 pelos sociólogos rurais norte-americanos, ao fato de a introdução e a difusão do automóvel terem redefinido funcionalmente os pequenos centros urbanos, não os eliminando, isto é, não atuando no sentido de eles perderem a sua razão de ser, ainda que, no processo, os centros maiores, mais distantes entre si, fossem beneficiados, tornando-se mais acessíveis. No Brasil, a difusão do automóvel, ainda que menos intensa e muito variável espacialmente, aparentemente teve o mesmo impacto, sobretudo em áreas onde a densidade de pequenos centros vinculava-se, em parte, a uma restrita acessibilidade.

As alterações no processo produtivo no campo circunvizinho, que alteraram a estrutura agrária, provocando a diminuição das densidades demográficas e da demanda de bens e serviços para a população, atuaram no sentido de reduzir as funções centrais, as atividades de beneficiamento de produtos rurais e o comércio atacadista de distribuição de inúmeros pequenos centros que perderam seus mercados. Em outras palavras, verificou-se uma ampliação do alcance espacial mínimo, em muitos casos atingindo a área de influência de outro centro próximo e com maiores possibilidades de ser menos impactado negativamente pelas transformações no campo. A ampliação da acessibilidade corrobora com a perda da centralidade.

A força de inércia dos núcleos de povoamento, entretanto, é muito forte. A sobrevivência dos pequenos núcleos, em razão dos serviços que dispõem e da sociabilidade que viabilizam, é efetivada por meio de sua transformação funcional. A transformação em local de concentração de força de trabalho engajada no campo é uma possibilidade corrente. Trata-se de força de trabalho que, no processo de industrialização do campo, foi destituída dos meios de produção e expulsa do campo. O *habitat* rural, disperso ou concentrado em "colônias" localizadas no interior de grandes propriedades, desaparece, sendo de certa forma recriado na periferia das pequenas cidades. Ou ainda nos "aglomerados humanos" em pleno campo (Haesbaert, 1997) ou nos acampamentos dos sem-terra.

A pequena cidade de Inúbia Paulista, com cerca de 2.500 habitantes em 1991, estudada por Fresca (1990), é um exemplo dessa transformação. Criada em 1942, no âmbito do processo de povoamento da região da alta Paulista, em São Paulo, o pequeno núcleo nasce para servir de apoio à população rural que ocupa a área próxima, que se caracteriza por uma estrutura fundiária calcada no elevado número de pequenas propriedades rurais ao lado de grandes.

Estrutura-se na década de 1950 um pequeno lugar central cujos principais estabelecimentos varejistas são os armazéns de secos e molhados que vendiam tanto produtos de consumo corrente como aqueles necessários às atividades agrícolas. Escassos são os serviços, e pouco desenvolvida era a função atacadista que se vinculava à comercialização de algodão e "cereais". Não havia compradores de café, mas o núcleo contava com estabelecimentos de beneficiamento de arroz. Na década de 1950, a funcionalidade que se esperava de Inúbia Paulista quando de sua criação realizava-se plenamente (Fresca, 1990).

As inovações introduzidas na região alteraram as funções do pequeno lugar central. Entre 1950 e 1980, especialmente a partir de 1970, verifica-se uma transformação no mundo agrário que envolveu a concentração fundiária — de 356 estabelecimentos rurais em 1960 para 148 em 1980, acompanhada da ampliação da área total dos estabelecimentos rurais de 8.476 hectares para 10.747 hectares — acompanhada ainda da redução das lavouras de café, algodão e "cereais" e do aumento da área de pastagens e da introdução da lavoura canavieira. Paralelamente, amplia-se o trabalho assalariado temporário. A população rural, por outro lado, entre 1970 e 1980, passa de 3.653 habitantes para 2.592 (Fresca, 1990).

O pequeno núcleo de Inúbia Paulista tinha, por volta de 1990, cerca de 50% de sua população ativa constituída por trabalhadores temporários, os bóias-frias, engajados nas fazendas de cana-de-açúcar do município ou do próximo município de Parapuã. Suas atividades terciárias continuam limitadas, sobressaindo-se uma cooperativa de consumo.

Em resumo, o pequeno lugar central dos anos 50 transformou-se em um núcleo que, sobretudo, cumpre a função de reservatório de força de trabalho para modernas atividades agrícolas (Fresca, 1990).

A segunda possibilidade diz respeito à transformação do pequeno núcleo a partir de novas atividades, induzidas de fora ou criadas internamente, que conferem uma *especialização produtiva* ao núcleo preexistente, inserindo-o diferentemente na rede urbana, introduzindo nela uma mais complexa divisão territorial do trabalho. As especializações produtivas, por outro lado, conferem aos núcleos urbanos uma *singularidade funcional*, entendida como características que são simultaneamente de *diferenciação* no âmbito da economia global e de *integração* a esta mesma economia. A centralidade, ao que tudo indica, pode ser ampliada.

As especializações produtivas criadas podem estar associadas às novas demandas da produção agrícola regional, referenciada agora a novos patamares tecnológicos e de renda e a novos padrões socioculturais. São, em realidade, atividades criadas no âmbito da industrialização do campo.

Podem, por outro lado, não estar, senão remotamente, associadas às atividades agrícolas regionais. São, em muitos casos, atividades industriais criadas no bojo da expansão do capital produtivo por meio de filiais localizadas não apenas em grandes e médios centros urbanos, mas também em pequenos núcleos em razão de fatores locacionais positivos, entre eles a existência de uma boa infra-estrutura e de uma força de trabalho "politicamente correta". As especializações produtivas podem também ser criações das elites locais que necessitam encontrar outras atividades que lhes permitam manter-se como tais. Podem ainda ser o resultado da ação de grupos sociais emergentes que dispõem de um potencial de habilidades técnicas apreendidas a partir de práticas em outras atividades.

As novas atividades podem conferir à pequena cidade a sua reafirmação como "cidade do campo" (Santos, 1993), centros voltados para a moderna agricultura praticada em sua hinterlândia. Pode-se, neste caso, dizer que a pequena cidade constitui parte essencial do complexo agroindustrial, tal a presença nela de atividades situadas tanto a montante como a jusante da produção agrícola *strictu sensu*.

As novas atividades, por outro lado, na medida em que criam especializações produtivas dissociadas diretamente da produção agrícola, acabam conferindo aos pequenos centros um caráter de "cidades no campo" (Santos, 1993). Tais centros passam, em razão de suas especializações produtivas, a manter relações com centros localizados a longa distância, relações que vinculam entre si unidades fabris de uma mesma corporação e, simultaneamente, cada unidade à sede social da corporação e/ou apenas vinculam os pequenos centros a mercados distantes.

Há inúmeros exemplos de pequenas cidades que se especializaram produtivamente, reinserindo-se de modo singular na rede urbana globalizada por intermédio de atividades que lhes fornecem identidade funcional, afirmando, em outra escala, o seu caráter de lugar (Carlos, 1996; Massey, 1997): máquinas agrícolas, confecções, móveis, bordados, artefatos mecânicos etc. No presente texto, consideraremos o exemplo de Matão, na região de Araraquara, estado de São Paulo, estudada por Elias (1996).

Matão é uma cidade que, a partir de 1963, transforma-se, no bojo do processo de modernização das atividades agrícolas regionais, na cidade da agroindústria da laranja. Ali se instalaram indústrias de suco concentrado de laranja destinado ao mercado internacional (Citrosuco, Central Citrus, Cambuy). Adicionalmente, desenvolveu-se uma indústria metalúrgica, produtora de implementos agrícolas e recipientes metálicos para suco de laranja (Cemibra, Baldan, Marchezan, entre outras) e uma indústria de confecções (Elite, Troféu, Rede, MM, entre outras). Parte da produção destina-se ao mercado internacional. Trata-se, sobretudo, de indústrias originárias de capitais locais que perceberam oportunidades de investimentos, reconfigurando a funcionalidade da cidade de Matão, ao mesmo tempo que possibilitou o seu crescimento: de 8.229 habitantes em 1960 para 60.547 em 1991 (Elias, 1996).

Como exemplo de "cidade do campo", Matão tem importante comércio de implementos e insumos e um relativamente modesto comércio varejista e de serviços voltados diretamente para a população. A acessibilidade à capital regional, Araraquara, distante apenas 32km, explica, em parte, o seu relativamente pequeno desenvolvimento como lugar central (Elias, 1996).

VI

A distribuição espacial das atividades engendradas pela globalização obedece a uma combinação que envolve, de um lado, uma lógica própria às corporações, que não exclui a natureza da atividade a ser implantada, e, de outro, as possibilidades de cada lugar, que incluem as suas heranças e a ação empreendedora de grupos locais. As pequenas cidades, criadas em um contexto socioespacial pré-globalização, devem adaptar-se às novas demandas externamente formuladas. O presente texto pretendeu, ao apresentar dois caminhos distintos que duas pequenas cidades seguiram, contribuir para a temática da dinâmica dos pequenos centros. Ao apontar a continuidade da criação de pequenos centros, por outro lado, indica a complexidade do tema no contexto socioespacial brasileiro.

Surgem questionamentos para investigação em outros pequenos centros, seguindo o caminho trilhado por Fresca e Elias, entre outros. Tais questionamentos devem privilegiar os processos, agentes e formas resultantes por meio dos quais os processos ligados à globalização concretizam-se em cada pequeno centro, reconfigurando-o ou criando-o. Deste modo, é possível uma efetiva contribuição para o conhecimento tanto da globalização como de suas manifestações na rede urbana, particularmente nos pequenos e numerosos centros urbanos.

BIBLIOGRAFIA

BECKER, B.K. Fronteira e Urbanização Repensadas. *Revista Brasileira de Geografia*, 47(3-4): 1985.

BERRY, B.J.L. *Geography of Market Centers and Retail Distribution*. Englewood Cliffs, Prentice-Hall, Inc.; 1967.

BORCHERT, J.R. Major Control Points in American Economic Geography. *Annals of the Association of American Geographers*, 62(2): 1978.

CARLOS, A.F. O Lugar na "Era das Redes". *In: O Lugar do/no Mundo*. São Paulo, HUCITEC, 1996.

CHRISTALLER, W. *Central Places in Southern Germany*. Englewood Cliffs, Prentice-Hall, Inc., 1966.

COHEN, R.B. The New International Division of Labor, Multinational Corporations and Urban Hierarchy. *In:* DEARN, M. e SCOTT, A.J. (Orgs.) *Urbanization and Urban Planning in Capitalist Society*, Londres, Methuen, 1981.

CORRÊA, R.L. Corporação, Práticas Espaciais e Gestão do Território. *Revista Brasileira de Geografia*, 54(3):1992.

CORRÊA, R.L. Os Centros de Gestão do Território. *Território*, 1:1996a.

CORRÊA, R.L. Metrópoles, Corporações e Espaço: uma Introdução ao Caso Brasileiro. *In:* CASTRO, I.E.; GOMES, C.C. e CORRÊA, R.L. (Orgs.) *Brasil: Questões Atuais da Reorganização do Território*. O Rio de Janeiro, Bertrand Brasil, 1996b.

CORRÊA, R.L. *Corporação e Espaço — Uma Nota*. Trajetórias Geográficas. Rio de Janeiro, Bertrand Brasil, 1997.

ELIAS, D. *O Meio Técnico-Científico-Informacional e a Urbanização na Região de Ribeirão Preto (SP)*. Tese de Doutorado, Departamento de Geografia, FFLCH, USP, 1996.

FRESCA, T.M. *A Dinâmica Funcional da Rede Urbana do Oeste Paulista: Oswaldo Cruz e Inúbia Paulista*. Dissertação de Mestrado, Departamento de Geociências, Universidade Federal de Santa Catarina, 1990.

FRIEDEMANN, J. e WOLFF, G. World City Formation — An Agenda for Research and Action. *International Journal of Urban and Regional Research*, 6(3):1982.

GOODWIN, W. The Management Center in the United States. *Geographical Review*, *55*(1): 1965.

HAESBAERT, R. *Des-territorialização e Identidade. A Rede "Gaúcha" no Nordeste*. Niterói, EDUFF, 1997.

JOHNSON, E.A.J. *The Organization of Space in Developing Countries*. Cambridge, Harvard University Press, 1970.

KNOX, P. e TAYLOR, P. (Orgs.) *World Cities in a World System*. Cambridge, Cambridge University Press, 1995.

MACHADO, L.O. Significado e Configuração de uma Fronteira Urbana na Amazônia. *Anais do IV Congresso Brasileiro de Geógrafos*, São Paulo, Associação dos Geógrafos Brasileiros, 1984

MASSEY, D.A. Global Sense of Place. *In:* BARNES, T. e GREGORY, D. (Orgs.): *Reading Human Geography. The Poetics and Politics of Inquiry*, Londres, Arnold, 1997.

MONBEIG, P. *Pioneiros e Fazendeiros de São Paulo*. São Paulo, HUCITEC-Polis, 1984.

PALLOIX, C. *La Internacionalización del Capital*. Madri, H. Blume Ediciones, 1978.

SANTOS, M. *Metamorfoses do Espaço Habitado*. São Paulo, HUCITEC, 1988.

SANTOS, M. *A Urbanização Brasileira*. São Paulo, HUCITEC, 1993.

SANTOS FILHO, M. *O Processo de Urbanização no Oeste Baiano*. Recife, Sudene, 1989.

SKINNER, W.G. Marketing and Social Structure in Rural China. Part I. *Journal of Asian Studies*, *24*(1): 1984.

STEWART JR., C.T. The Size and Spacing of Cities. *In:* MAYER, H.M. e KOHN, C.F. (Orgs.) *Readings in Urban Geography*, Chicago, The University of Chicago Press, 1959.

STRICKLAND, D. e AIKEN, M. Corporate Influence and the German Urban System: Headquarter Location of German Industrial Corporations — 1950-1982. *Economic Geography*, *60*(1): 1984.

TAYLOR, M. e THRIFT, N. Large Corporations and Concentration of Capital in Australia: A Geographical Analysis. *Economic Geography*, *56*(4): 1980.

ULLLMANN, E. A Theory of Location for Cities. *In:* MAYER, H.M. e KOHN, C.F. (Orgs.) *Readings in Urban Geography*, Chicago, The University of Chicago Press, 1959.

WESTAWAY, J. The Spatial Hierarchy of Business Organization and its Implications for the British Urban System. *Regional Studies*, 8, 1974.

ZIPF, G.K. *Human Behavior and the Principle of Least Effort: An Introduction to Human Ecology*. Cambridge, Addison-Wesley, 1949.

6. Rede Urbana e Formação Espacial — Uma Reflexão Considerando o Brasil*

I

A literatura sobre redes urbanas aponta, já há algum tempo, para a diversidade dos inúmeros conjuntos articulados de centros urbanos. Diversidade real que, entretanto, não diminui o mérito; ao contrário, enfatiza a necessidade de esforços de elaboração de tipos ideais e modelos hipotético-dedutivos sobre a rede urbana, como são, entre outras, as formulações de Christaller, Lösch e Zipf.[1]

A diversidade diz respeito às possíveis combinações dos mesmos elementos que, entretanto, ao se concretizarem, o fazem de modo específico, pois cada um desses elementos assume a sua própria especificidade. Entre estes elementos estão a gênese dos centros, o tamanho deles, a densidade que perfazem no espaço, as funções urbanas e as relações espaciais que delas derivam. Outros elementos, de natureza política, social e cultural, considerados menos freqüentemente na literatura, podem ser agregados, explicitando mais nitidamente a rica e complexa diversidade de redes urbanas.

---

* Publicado originalmente na revista *Território*, *8*, 2000, pp. 121-129.

Numerosas são, a este respeito, as contribuições dos geógrafos. Berry e Barnum,[2] por exemplo, assinalam o papel das diferentes densidades demográficas das hinterlândias sobre a estrutura da rede urbana, densidade, tamanho e funções dos centros, enquanto Milton Santos ressalta a natureza dos dois circuitos da economia urbana dos países subdesenvolvidos, os circuitos superior e inferior, projetando-os sobre a rede urbana.[3] Densidade demográfica e renda são, aparentemente, determinações fundamentais, interferindo nas diversas combinações dos elementos acima indicados. A comparação da rede urbana das regiões industriais européias e norte-americanas com aquela do interior da Guatemala, assentada sobre uma economia camponesa, e com a do planalto ocidental paulista, associada a modernos complexos agroindustriais,[4] evidencia diferenças que, em realidade, pressupõem determinações mais profundas e complexas do que densidade demográfica e renda. Estas, por mais importantes que sejam, são expressões e condições de estruturas socioespaciais mais profundas, historicamente produzidas.

A análise das redes urbanas numa perspectiva diacrônica, envolvendo particularmente aqueles momentos privilegiados da história que são os momentos de ruptura social, expressos, entre outros aspectos, pelas transformações tecnológicas, evidenciou também o movimento de transformação da rede urbana que possibilitou a passagem de um padrão particular de combinação de densidade, tamanho e funções para outro padrão. Neste sentido, a contribuição de Allan Pred é notável.[5] O tempo, impregnado de processos, funções e formas, assim como das contradições delas derivadas, é um determinante fundamental que fixa, ao menos temporariamente, os elementos combinados da rede urbana. Encarrega-se de transformar esses elementos e suas combinações, ainda que nessa transformação a inércia das formas espaciais esteja em ação.

II

Na inteligibilidade de uma dada rede urbana por meio do desvendamento das lógicas que geraram e articulam seus já mencionados elementos, a estrutura social desempenha um papel de primeira ordem. Ela nos remete ao conceito de *formação espacial*, que Milton Santos desenvolveu a partir do conceito de formação econômico-social.[6]

O conceito em tela é de crucial importância para a análise geográfica. Representa um esforço teórico visando explicitar as especificidades com que um dado modo de produção concretamente se manifesta. Definido por meio de características principais, invariantes, gerais, um dado modo de produção concretiza-se em diversas formações econômico-sociais, suas variantes históricas e geográficas ou, como se refere Dhoquois, suas "variedades regionais".[7] A formação econômico-social é, em realidade, uma particularidade espaço-temporal no âmbito de um dado modo de produção dominante.[8]

Trata-se de uma estrutura técnico-produtiva, social e cultural, na qual o econômico, o político, o social e o cultural estão imbricados, expressando-se em conjunto no espaço e no tempo.[9] Milton Santos corretamente insiste na necessária dimensão espacial da formação econômico-social, argumentando mesmo que se trata de uma formação espacial. Nela, o espaço está imanentemente presente, participando como meio, natural ou socialmente produzido, para as atividades do homem, reflexo e condição social, expressando e afetando a existência e reprodução humana, afetando, em realidade, a própria reprodução das diferenças espaciais, qualquer que seja a escala geográfica considerada.[10] Enfatize-se que referir-se à formação espacial não é abdicar do econômico, do político, do social e do cultural, que são facetas de uma mesma totalidade que se manifesta de modo integrado no espaço e no tempo.

A importância do conceito em tela reside no fato de ele permitir que se considerem processos, funções e formas em suas concretizações espaço-temporais diferenciadas, mas, ao mesmo tempo, particularmente sob o capitalismo, integradas. A globalização, estágio mais avançado da espacialidade capitalista, revela diferenças espaciais, antigas e novas, muito significativas.

A diferenciação de áreas, cara aos geógrafos, principalmente aqueles envolvidos com a perspectiva corológica, constituiu-se, ainda que abordada com um viés idiográfico, no conceito que direcionava a leitura dos resultados, diferenciados em área, da ação humana sobre a superfície terrestre. O conceito de formação espacial permite integrar essa complexa diversidade em uma unidade conceitual e, simultaneamente, real. É, portanto, um conceito útil para a geografia regional, liberando-a da abordagem calcada na unicidade (*uniqueness*) das regiões e dos lugares.[11]

III

O conceito de formação espacial é útil também para a geografia sistemática. Assim, conforme pondera Milton Santos, a "localização dos homens, das atividades e das coisas no espaço explica-se tanto pelas necessidades 'externas', aquelas do modo de produção 'puro', quanto pelas necessidades 'internas' ...",[12] ditadas, em essência, pela formação espacial. Nesse espaço particular, as necessidades externas são interpretadas e adaptadas com base nas possibilidades reais dos agentes sociais locais e regionais, por um lado e por outro, com base na organização espacial prévia, já diferenciada em relação a outros espaços particulares. É na formação espacial que se entrecruzam determinações gestadas em diversas escalas, do geral e do particular, assim como emergem contingências.

As transformações por que passa a organização espacial não são iguais, tanto no que se refere à natureza quanto à intensidade, quando se trata das áreas agrícolas e urbanas. As primeiras, dada, em regra, a menor fixidez das obras do homem, apresentam-se mais facilmente submetidas às transformações. Veja-se, a este respeito, que as transformações ocorridas em muitas áreas agrícolas brasileiras nos últimos 30 anos foram notáveis: paisagens agrárias foram substituídas por outras muito diferentes e, muitas vezes, após poucas décadas de existência. As áreas cafeicultoras do oeste paulista e norte paranaense que, inclusive, se esvaziaram de homens, são excelentes exemplos, assim como as áreas pastoris de campo ou cerrado que foram incorporadas ao moderno complexo agroindustrial de grãos.[13] O campo se adapta, se metamorfoseia com relativa facilidade às demandas da formação espacial da qual faz parte. Fala-se em "urbanização do campo" e "industrialização da agricultura", como expressões do papel da cidade, sobretudo das grandes metrópoles, na transformação do campo.

A cidade e, por extensão, a rede urbana, por menor que seja, apresenta formas dotadas de grande fixidez e, por isso mesmo, apresentando uma relativamente grande capacidade de refuncionalização. Por meio desta e da continuidade do processo de criação de novas funções e suas correspondentes formas — próprio das formações espaciais capitalistas —, a cidade e a rede urbana reatualizam-se, possibilitando a coexistência de formas e funções novas e velhas.

Ressaltemos, agora, um ponto fundamental deste ensaio. A cidade e a rede urbana, em razão da fixidez e da refuncionalização, tendem a exibir, muito mais que o mundo agrário, padrões de formas que contêm, ao menos parcialmente, fortes elementos gerados na formação espacial na qual surgiram. É por isso que as relações entre rede urbana e formação espacial são muito complexas: uma rede urbana pode exibir características associadas aos diversos momentos da formação em que está inscrita, ou das diversas formações espaciais a que esteve associada.

Nas sociedades de classes, nas quais o fato urbano emerge, as características técnicas das atividades de produção envolvendo uma necessária relação com a natureza, a finalidade da produção, os meios de circulação, as relações de produção, a estrutura de poder, os valores, crenças, mitos e utopias — que aparecem integradamente, definindo um dado modo de produção e suas formações espaciais —, são determinantes das densidades demográficas, da renda e sua distribuição, e dos padrões culturais dominantes e subordinados. Estas características modelam a densidade de centros, o tamanho deles, as funções urbanas e as relações espaciais derivadas.

É lícito supor que não apenas os modos de produção nos quais o urbano emerge, mas as suas diversas formações espaciais, apresentem a sua típica rede urbana. Cada sociedade tem a sua própria geografia, que inclui, na maioria dos casos, a sua rede urbana particular.[14] Fala-se, então, em rede urbana dos tipos solar, dendrítico, christalleriano, axial, circular e de múltiplos circuitos, ainda que esta tipologia necessite ser melhor explicitada.[15] A rede solar, por exemplo, está associada às formações vinculadas ao modo de produção asiático, mas também aos pequenos países de origem colonial dotados de uma metrópole primaz, como se exemplifica com o caso do Uruguai.[16] A rede dendrítica, por sua vez, parece estar geneticamente vinculada a uma formação espacial periférica de base colonial, marcada por um específico padrão de circulação. Já as redes de múltiplos circuitos, ao que tudo indica, associam-se às formações espaciais dos países centrais, refletindo e condicionando a complexidade de suas organizações espaciais. A questão das relações entre a forma e as funções da rede urbana e a natureza da formação espacial, da qual aquela é parte, é, em realidade, muito complexa e necessita de muitas reflexões e estudos empíricos.

IV

A formação social brasileira, assim identificada numa dada escala, aparece como dotada de grande heterogeneidade interna quando se altera a escala de análise. A heterogeneidade resulta de uma combinação desigual, tanto no espaço como no tempo, de processos naturais e sociais.

Visando contribuir para o debate a respeito da complexa espacialidade do território brasileiro, apresenta-se aqui a tese de que no Brasil coexistiriam, na virada do século XX para o XXI, mas com gênese muito anterior, três formações espaciais distintas, mas integradas entre si, constituindo, no conjunto, uma "diversidade na unidade": uma *formação espacial fundada na grande propriedade rural*, outra na *pequena propriedade rural dos imigrantes europeus* e, finalmente, uma terceira, que é a *formação espacial da fronteira*. Fundamentais como são, estruturam os tipos básicos de rede urbana.

Ressaltemos três aspectos. Em primeiro lugar, uma formação espacial não se traduz, necessariamente, em uma região. Em realidade, pode-se conceber uma mesma formação espacial recobrindo duas ou mais regiões; o inverso, contudo, não é possível. Ao não se confundir com a região, a formação espacial pode caracterizar-se pela descontinuidade espacial: é, de acordo com a literatura geográfica, um *tipo espacial*.

Em segundo lugar, a formação espacial da fronteira, como que por definição, é marcada nitidamente pela transitoriedade, isto é, em um determinado momento caracteriza uma dada porção do espaço e, em outro, posterior, uma outra porção. Este tipo de formação tem acompanhado a história espacial brasileira há muito tempo, sendo, em muitos casos, a matriz na qual, após, instala-se uma ou outra das duas formações espaciais supramencionadas. Este tipo, como os demais, constitui-se, em realidade, em um amplo campo para investigação.

Em terceiro lugar, estamos pensando uma formação espacial a partir da unidade entre produção, circulação, consumo, estrutura política, relações sociais e padrões culturais e da projeção espacial dessa unidade, ainda que cada um desses elementos goze de uma relativa autonomia. Nesta unidade, contudo, e dado os modos como o Brasil foi e está sendo ocupado, a estrutura fundiária e as relações sociais a ela associada desempenham papel crucial na estruturação das possíveis combinações entre produção, circulação, consumo, estrutura política, relações sociais e padrões culturais e suas projeções espaciais, definindo uma particular formação espacial. Parece, então, fundamental, distinguir entre a formação espacial associada à grande propriedade rural, herdeira ou não do período colonial, e a formação espacial associada à pequena propriedade rural, fruto do processo de colonização e imigração européias iniciada na primeira metade do século XIX. A partir da estrutura fundiária, desenvolvem-se inúmeras diferenças no que diz respeito ao modo de vida e à produção e organização do espaço para os quais o espírito empreendedor e os padrões de consumo têm papel fundamental. O espaço, por intermédio da paisagem e da rede urbana, simultaneamente expressa e condiciona estas duas formações espaciais. A este respeito o estudo de Bernardes sobre o Rio Grande do Sul é exemplar: são explicitadas características que permitem falar em duas formações espaciais, uma associando área de mata, pequena propriedade, imigração, agricultura, indústria e rede urbana densa, e outra que associa área de campo, grande propriedade, povoamento luso-brasileiro, pecuária e rede urbana com baixa densidade de centros.[17]

V

Considerando as relações entre a rede urbana e as formações espaciais brasileiras, apresentaremos alguns pontos que nos parecem clarificados. Insiste-se na complexidade dessas relações e na necessidade de um grande esforço para se avançar nessa direção. Os pontos são os seguintes:

a) A rede urbana da formação espacial associada à grande propriedade rural caracteriza-se por menor densidade de centros quando comparada à rede urbana da formação espacial calcada na pequena propriedade dos imigrantes. Conseqüentemente, apresenta maior espaçamento entre os seus centros. Os valores relativos às densidades e distâncias, contudo, podem variar quando se trata de áreas pastoris ou de áreas agrícolas: nas primeiras, as densidades são ainda menores, e as distâncias, maiores.
b) A drenagem da renda fundiária rural pela cidade, a partir do absenteísmo dos grandes proprietários, constitui-se em parte integrante das relações espaciais da formação espacial calcada na grande propriedade. A modernização da agricultura criou condições de ratificar ampliadamente essa característica,

graças às transformações técnicas e sociais na agricultura e à melhoria geral da circulação. Referências às capitais regionais como sendo um "fazendão iluminado" ou uma "fazenda asfaltada" são reveladoras dessa concentração de grandes proprietários rurais nessas cidades.[18]

O impacto do absenteísmo sobre as cidades é enorme: lojas sofisticadas, clubes de luxo, restaurantes e serviços de alta qualidade ao lado de bairros suntuosos, centrais e verticalizados ou em determinados setores da periferia urbana e horizontais, com mansões e condomínios exclusivos. Mas há uma contrapartida, expressa pelos bairros populares, muitas vezes produtos da ação conjunta do Estado, proprietários rurais e imobiliárias que produzem amplos e monótonos conjuntos habitacionais constituídos por milhares de pequenas casinhas. Localizam-se em amplos setores da periferia urbana, ratificando, assim, o clássico padrão centro/periferia das cidades brasileiras, herdeiro do passado. Abrigam esses conjuntos os excedentes demográficos expulsos pela modernização do mundo agrário.

c) A rede urbana da formação espacial calcada na pequena propriedade do imigrante caracteriza-se por uma mais nítida hierarquia de centros. Reflete distribuição mais equitativa da demanda e do consumo, não mais concentrados nas cidades mais importantes, como ocorre nas áreas de grandes propriedades rurais. Nessas, as pequenas cidades tendem a perder, por meio das migrações de excedentes da modernização, o seu mercado, acabando por se tornar, em muitos casos, centros de concentração da força de trabalho do mundo agrícola.[19]

d) A rede urbana da formação espacial calcada na pequena propriedade do imigrante está associada à presença da atividade industrial, gestada no bojo da vida econômica e social dos colonos. O exemplo de Blumenau[20] é notável, mas outros mais marcam as redes urbanas regionais do Sul do Brasil. Compare-se, por exemplo, a geografia econômica de Porto Alegre e Recife,[21] ou pesquise-se, comparativamente, a geografia de Ribeirão Preto, a capital da "Califórnia brasileira", e Caxias do Sul, a capital da colonização italiana no Rio Grande do Sul. Certamente os resultados revelarão significativas diferenças em suas atividades econômicas, Ribeirão Preto sendo um exemplo de "fazendão iluminado", enquanto a segunda, um exemplo do papel empreendedor de imigrantes que, nos últimos 130 anos, forjaram uma formação espacial distinta daquela que, no mesmo lapso de tempo, aproximadamente, foi forjada na região de Ribeirão Preto.

O Rio Grande do Sul fornece outros exemplos: comparem-se, a este respeito, Alegrete e Bagé, de um lado, e Bento Gonçalves e Lajeado, de outro, as primeiras na Campanha e as outras duas na região de colonização européia. Comparem-se, ainda, em Santa Catarina, Lages e Criciúma.

e) A formação espacial da fronteira pode ser analisada considerando-se, por exemplo, a rede urbana do oeste paulista em 1940 ou a rede de cidades do norte de Mato Grosso durante a década de 1980. O significado da fronteira e da rede urbana não são os mesmos, mas há, entretanto, elementos comuns. Como é plausível pensar em novas fronteiras, como na Amazônia Ocidental, o estudo da rede urbana nessa formação espacial constitui-se em campo aberto, já anunciado, para pesquisas num futuro próximo.

VI

O presente ensaio estruturou um eixo de argumentos visando contribuir para o aprofundamento do conhecimento, via rede urbana, da dimensão espacial (econômica, social, política e cultural) da sociedade brasileira. Inconsistências e lacunas certamente aparecerão quando submetidos ao debate. Que estes debates, contudo, propiciem um avanço a respeito da espacialidade da sociedade brasileira, que se traduz, por exemplo, nas redes urbanas em suas formações espaciais.

NOTAS

1. Consultem-se a respeito W. Christaller, *Central Places in Southern Germany*, Englewood Cliffs, Prentice-Hall, Inc., 1966 (original de 1933, em alemão); A. Lösch, *The Economics of Location*, New Haven, Yale University Press, 1952; G.K. Zipf, *Human Behavior and the Principle of Least Effort. An Introduction to Human Ecology*, Cambridge, Addison-Wesley, 1949, e, mais recentemente, a coletânea organizada por M. Timberlake, *Urbanization in the World Economy*, Londres, Academic Press, 1985.
2. B.J.L. Berry e H.G. Barnum, "Aggregate Relations and Elemental Components of Central Place Systems", *Journal of Regional Science*, 4, 1962.

3. Veja-se M. Santos, *O Espaço Dividido — Os Dois Circuitos da Economia Urbana dos Países Subdesenvolvidos*, Rio de Janeiro, Francisco Alves Editora, 1979.
4. Entre outros, consultem-se C.A. Smith, "Causes and Consequences of Central — Place Types in Western Guatemala", *in: Regional Analysis*, Part 1, Economic Systems, org. C.A. Smith, Nova York, Academic Press, 1976; D. Elias, *Meio Técnico-Científico-Informacional e a Urbanização na Região de Ribeirão Preto*. Tese de Doutorado, Departamento de Geografia, FFLCH, USP, 1996, e R.L. Corrêa, "Repensando a Teoria das Localidades Centrais", *in: Novos Rumos da Geografia Brasileira*, org. M. Santos, São Paulo, HUCITEC, 1982.
5. Allan R. Pred, Urban Growth and the Circulation of Information: The United States Systems of Cities — 1790-1840, Cambridge, Harvard University Press, 1973 e, do mesmo autor, *Urban Growth and City Systems in the United States — 1840-1860*. Cambridge, Harvard University Press, 1980.
6. M. Santos, "Sociedade e Espaço: A Formação Social como Teoria e como Método". *In: Espaço e Sociedade*. Petrópolis, Vozes, 1979.
7. G. Dhoquois, "La Formación Economico-Social como Combinación de Modos de Produción", *in: El Concepto de Formación Economico-Social, Cuadernos de Pasado y Presente, 39*, 1973, p. 187.
8. Baseio-me em G. Luckacs, *Introdução a uma Estética Marxista — Sobre a Categoria da Particularidade*, Rio de Janeiro, Civilização Brasileira, 1978, para referir-me à formação econômico-social como uma particularidade. Ver especialmente o Capítulo 3 da obra em pauta.
9. Veja-se a questão da unidade do econômico, político, social e cultural, numa perspectiva geográfica, em D. Cosgrove, "Em Direção a uma Geografia Cultural Radical: Problemas da Teoria", *Espaço e Cultura, 5*, 1998.
10. O papel do espaço como condição de reprodução das relações sociais tem suas raízes em Henri Lefébvre, *Espacio y Politica*, Barcelona, Peninsula, 1976. Consulte-se, além de Milton Santos, *Por uma Geografia Nova*, São Paulo, HUCITEC, 1978, Agustin Berque com a temática da reprodução social por meio da paisagem, elemento constituinte de uma dada formação espacial. Veja-se dele "Paisagem-Marca, Paisagem-Matriz: Elementos da Problemática para uma Geografia Cultural", *in: Paisagem, Tempo e Cultura*, org. R.L. Corrêa e Z. Rosendahl, Rio de Janeiro, Eduerj, 1998.

11. A despeito das potencialidades do conceito de formação espacial, sua adoção pelos geógrafos foi muitíssimo limitada, como discute Armen Mamigonian em "A Geografia e a Formação Social como Teoria e como Método", *in: O Mundo do Cidadão: um Cidadão do* org. Maria Adélia A. de Souza, São Paulo, HUCITEC, 1996. Uma possível resposta a essa negligência residiria no fato de o conceito em tela ser, em realidade, um enfoque, operacionalizável apenas por meio de conceitos operativos, como paisagem, região, território e lugar.
12. M. Santos, *op. cit.*, p. 14.
13. Sobre o oeste paulista, compare-se o clássico de Pierre Monbeig *Pioneiros e Fazendeiros de São Paulo*, São Paulo, HUCITEC-Polis, 1984 com o trabalho de D. Elias, já mencionado, sobre as transformações na região de Ribeirão Preto anteriormente analisada por Monbeig. Um excelente exemplo de estudos sobre as transformações em área de cerrado é o de R. Haesbaert *Des-territorialização e Identidade — A Rede "Gaúcha" no Nordeste*, Niterói, Eduff, 1997, que aborda as mudanças na geografia do oeste baiano.
14. A este respeito, consultem-se M. Buch Hanson e B. Nielsen, "Marxist Geography and the Concept of Territorial Structure", *Antípode*, *9*(2): 1977.
15. Consulte-se R.L. Corrêa, "Interações Espaciais", *in: Explorações Geográficas*, organizado por Iná E. Castro, Paulo Cesar C. Gomes e R.L. Corrêa, Rio de Janeiro, Bertrand Brasil, 1997.
16. Consultem-se Paul Claval, "*La Logique des Villes*. Essays *d'Urbanologie*, Paris, Librairie Techniques, 1981, e A.S. Linsky, "Some Generalizations Concerning Primate Cities", *Annals of the Association of American Geographers*, *55*(3): 1965, respectivamente.
17. Consulte-se Nilo Bernardes, "As Bases Geográficas do Povoamento do Rio Grande do Sul", *Boletim Geográfico* (IBGE), 171, 1962 e 172, 1962, e reimpresso em 1997 com o mesmo título pelo Departamento de Ciências Sociais da Unijuí em colaboração com a Associação dos Geógrafos Brasileiros, Seção Porto Alegre.
18. Consulte-se Lílian Hahn Mariano da Rocha, *O Papel de Santa Maria como Centro de Drenagem da Renda Fundiária*. Dissertação de Mestrado em Geografia, UFSC, 1993.
19. Veja-se sobre o assunto R.L. Corrêa, "Globalização e Reestruturação da Rede Urbana — uma Nota sobre as Pequenas Cidades". *Território*, *6*, 1999.

20. Armen Mamigonian, "O Estudo Geográfico das Indústrias de Blumenau", *in: Revista Brasileira de Geografia*, *27*(3): 1965.
21. Paul Singer, *Desenvolvimento Econômico e Evolução Urbana*. São Paulo, Companhia Editora Nacional, 1968.

7. As Interações Espaciais da Rede Urbana Brasileira: Uma Nota*

A presente nota considera as interações espaciais no âmbito da rede urbana brasileira. Constituída por um conjunto de centros urbanos e pelas interações espaciais entre eles, a rede urbana tem sido estudada privilegiando-se sobretudo os atributos fixos que diferenciam os seus centros, para os quais há informações mais amplas, sistemáticas e acessíveis. As interações espaciais, por outro lado, a despeito de sua efetiva importância para diferenciar os centros urbanos, são mais difíceis de ser produzidas, estando, em regra, sob severo controle, tornando-se informações menos acessíveis. Mais difíceis de serem produzidas e divulgadas são, ao mesmo tempo, mais reveladoras da natureza e magnitude dos centros urbanos.

Os estudos sobre a rede urbana brasileira e as transformações pelas quais vem passando nos últimos 20 anos sugerem uma série de questões sobre as interações espaciais entre os seus centros. Entre as possíveis questões, o grau de articulação dos centros urbanos é fundamental. Outras dizem respeito à primazia de São Paulo

* Estudo realizado sob os auspícios do Conselho Nacional de Pesquisas e Desenvolvimento — CNPq. Agradeço a participação de Monica Musa Afonso, bolsista de iniciação científica, que foi fundamental na organização dos dados.

em face da metrópole carioca e da intensidade e direção das interações espaciais das metrópoles regionais, consideradas no presente texto aquelas identificadas no estudo do IBGE com base em pesquisa realizada em 1978 (IBGE, 1987). As respostas a estas questões podem contribuir para ampliar o conhecimento sobre a rede urbana brasileira no final do século XX.

As interações espaciais podem ser descritas a partir de informações de dois tipos principais. O primeiro resulta de lenta e cara pesquisa envolvendo questionários sobre o comportamento espacial de empresas, instituições e consumidores em relação a numerosos bens e serviços. As pesquisas que o Departamento de Geografia do IBGE vem realizando desde o começo da década de 1960 constituem excelentes exemplos. O segundo tipo considera informações com base em um único indicador, o qual é admitido como sendo capaz de descrever de modo sintético o conjunto ou grande parte do conjunto das interações espaciais. A circulação intermunicipal de ônibus, o fluxo de passageiros nas linhas aéreas e os fluxos telefônicos são exemplos, bastante utilizados, de indicadores desse segundo tipo. Em muitos casos, a utilização deles responde a necessidades de respostas rápidas, baratas e, ao mesmo tempo, eficazes. Este estudo irá analisar as interações espaciais com base em indicadores deste segundo tipo.

Rede Urbana e Fluxos Telefônicos

As ligações telefônicas entre cidades são um indicador que em grande medida sintetiza o conjunto das interações interurbanas envolvendo as esferas econômica, política, social e cultural. Em outros termos, parte do processo de planejamento e decisão envolve ligações telefônicas, assim como a realização de compra e venda e a prestação de serviços. Os contatos políticos e as interações interpessoais são em parte viabilizados pela tefefonia. O seu aperfeiçoamento e difusão contínuos são a expressão de sua importância.

A importância da telefonia como indicador sintético das interações espaciais advém do fato de ela não estar submetida, como é o caso do Brasil na primeira metade da década de 1990, a limitações impostas pela inviabilidade de técnicas de conexões e pela difusão de meios alternativos, como a Internet. A fricção da distância é nula, de modo que as ligações telefônicas refletem, e condicionam, as interações espaciais entre empresas e entre um significativo contingente de indivíduos. As ligações telefônicas podem tanto reforçar como alterar as interações espaciais, mas a cada momento descrevem com acurácia essas interações, conforme, entre outros, apontaram Nystuen e Dacey (1961), Nacif (1993), Ramos (1998) e Afonso (2001).

Neste estudo, a intensidade dos fluxos telefônicos é considerada indicador das interações espaciais. As informações são relativas ao ano de 1994 e foram fornecidas pela Embratel. Os fluxos estão expressos em erlangs, uma medida usual associada à telefonia, que descreve a intensidade dos fluxos telefônicos na qual o número de chamadas telefônicas é ponderado pelo tempo médio gasto nas chamadas. As informações são agregadas, não sendo discriminada a natureza do assinante (empresa ou residência) ou outro atributo diferenciador.

Setenta centros urbanos foram considerados, abrangendo todas as capitais estaduais, Brasília, as cidades que se situavam em suas respectivas unidades da Federação em segundo lugar quanto ao total de habitantes e aquelas que tinham 200.000 habitantes ou mais em 1991. O universo de centros selecionados é representativo da rede urbana brasileira.

Ressalte-se, contudo, que uma cidade como Uberaba (MG) está fora do universo por fazer parte da hinterlândia telefônica de Uberlândia e ter os seus fluxos telefônicos contabilizados nesta última. Em realidade, os 70 centros selecionados são, necessariamente, centros de hinterlândias telefônicas, isto é, unidades regionais para as quais as informações são contabilizadas. Assim, as informações referem-se a conjuntos espaciais que têm como foco, e certamente os principais pólos de convergência e irradiação de fluxos telefônicos, cidades com expressivo grau de centralidade.

Foi elaborada uma matriz de fluxos telefônicos de 70 x 70, comportando 4.830 células (70 x 70 - 70 da diagonal principal), contendo cada uma a informação relativa à intensidade dos fluxos telefônicos de cada par de cidades. A matriz não é simétrica, indicando que as interações entre as cidades *a* e *b* não têm necessariamente a mesma intensidade daquelas entre *b* e *a*. Na análise, considerou-se sobretudo a média dos valores das interações entre as cidades de cada par. Algumas informações extraídas da matriz são apresentadas neste trabalho.

A CONCENTRAÇÃO ESPACIAL DAS INTERAÇÕES

As interações espaciais interurbanas, medidas neste estudo pelos fluxos telefônicos entre 70 cidades selecionadas, descrevem de modo agregado a força interativa dos centros urbanos, a qual resulta da densidade e diversidade das atividades produtivas e do consumo localizado neles e em suas hinterlândias. Mais intensas as interações, mais intensas são essas forças. Combinadas com a multidirecionalidade das interações, evidenciam a elevada posição de um dado centro na hierarquia urbana ou em uma economia muito complexa. A concentração espacial das interações mais intensas, por outro lado, revela a desigualdade espacial das forças interativas, as quais remetem a análise para os processos de criação de atividades econômicas, tema muito além desta nota.

A análise da matriz de fluxos telefônicos entre as 70 cidades revela uma forte concentração espacial das interações mais intensas. Isto pode ser constatado por meio de duas análises, uma reportando-se ao total de fluxos associados a cada centro, isto é, ao total das médias dos fluxos recebidos e enviados, e a outra considerando as interações espaciais entre pares selecionados de centros urbanos.

O Quadro 1 apresenta as cidades que concentram um total de fluxos igual ou superior a 500,0 erlangs: correspondem a um terço das 70 cidades selecionadas. A análise do quadro possibilita as seguintes observações:

QUADRO 1
CIDADES COM FLUXOS TELEFÔNICOS ACIMA DE 500,0 ERLANGS

Cidades	Totais de Fluxos	Cidades	Totais de Fluxos
1. São Paulo	15.037.0	13. Piracicaba	996.8
2. Rio de Janeiro	4.936.9	14. Sorocaba	975.6
3. Campinas	2.769.4	15. Goiânia	818.0
4. Santos	2.239.5	16. Franca	779.6
5. Porto Alegre	2.200.0	17. São José dos	
6. Jundiaí	2.193.5	Campos	779.3
7. Belo Horizonte	1.855.0	18. Fortaleza	742.6
8. Curitiba	1.659.3	19. Blumenau	711.0
9. Brasília	1.250.3	20. Caxias do Sul	700.5
10. Recife	1.204.3	21. Vitória	615.2
11. Salvador	1.158.2	22. Belém	565.3
12. Ribeirão Preto	1.083.9	23. Uberlândia	560.0

FONTE: Embratel, 1994.

i) A metrópole de São Paulo é, de longe, o principal foco de fluxos telefônicos, apresentando um total três vezes maior que o do Rio de Janeiro. Os 15.037.0 erlangs a ela associados são numericamente equivalentes à soma dos fluxos associados aos centros metropolitanos do Rio de Janeiro, Porto Alegre, Belo Horizonte, Curitiba, Recife, Salvador, Goiânia, Fortaleza e Belém, que perfazem 15.139.6 erlangs, revelando a forte primazia paulistana.

ii) Das 23 cidades do quadro, apenas quatro, Recife, Salvador, Fortaleza e Belém, metrópoles regionais nordestinas e da Amazônia, estão localizadas fora da Região Centro-Sul. Na Região Nordeste e na Amazônia não há um único centro não metropolitano no quadro em questão, e mesmo Manaus, a metrópole regional da Amazônia ocidental, acha-se ausente das 23 cidades: concentra ela 456.7 erlangs.

iii) A concentração espacial dos centros com 500.0 ou mais erlangs na Região Centro-Sul expressa-se ainda pela presença na região em tela de suas quatro metrópoles regionais, Porto Alegre, Belo Horizonte, Curitiba e Goiânia, de Brasília e de uma capital estadual, Vitória. Mais significativa ainda é a presença, na Região Centro-Sul, de outros 11 centros que não dispõem da função de capital estadual. Três localizam-se fora do estado de São Paulo, constituindo-se em importantes capitais regionais dotadas de expressiva atividade industrial: Uberlândia, Blumenau e Caxias do Sul. Os outros oito centros, Campinas, Santos, Jundiaí, Ribeirão Preto, Piracicaba, Sorocaba, Franca e São José dos Campos, localizam-se na região urbano-industrial com epicentro na metrópole paulista.

A concentração espacial dos centros com expressivos fluxos telefônicos pode ser adicionalmente evidenciada a partir da comparação entre cidades localizadas na Região Centro-Sul e fora dela, conforme mostra o Quadro 2. Todas as cidades indicadas são expressivos centros em suas respectivas regiões, algumas exercendo a função político-administrativa.

A observação do referido quadro revela as diferenças entre os centros dos dois conjuntos de áreas. Tanto as capitais estaduais quanto os centros regionais do Centro-Sul concentram um maior número de fluxos. Mesmo os centros urbanos das áreas menos desenvolvidas do Centro-Sul, como Campos e Governador Valadares,

QUADRO 2
TOTAIS DE FLUXOS TELEFÔNICOS DE CIDADES SELECIONADAS NA REGIÃO CENTRO-SUL E FORA

Região Centro-Sul		Fora	
Cidades	Totais de Fluxos	Cidades	Totais de Fluxos
Florianópolis (SC)	491.2	Natal (RN)	325.9
Campo Grande (MS)	457.3	São Luís (MA)	214.6
Bauru (SP)	371.4	Feira de Santana (BA)	274.5
Maringá (PR)	305.2	Campina Grande (PB)	176.3
Pelotas (RS)	336.9	Caruaru (PE)	125.9
Dourados (MS)	245.7	Mossoró (RN)	112.5
Campos (RJ)	214.2	Juazeiro do Norte (CE)	98.5
Governador Valadares (MG)	161.7	Santarém (PA)	71.6

FONTE: Embratel, 1994.

apresentam valores compatíveis com aqueles relativos a São Luís e a Campina Grande, respectivamente, superando outros, como Caruaru, Mossoró, Juazeiro do Norte e Santarém.

A concentração espacial dos centros urbanos segundo o total de fluxos telefônicos associa-se à forte concentração espacial dos fluxos mais intensos entre pares de cidades. O Quadro 3 descreve aqueles fluxos com valores iguais ou superiores a 100.0 erlangs.

A análise do quadro em questão possibilita algumas considerações a respeito da espacialidade dos fluxos telefônicos:

QUADRO 3
FLUXOS TELEFÔNICOS MAIS INTENSOS — 1994

Pares de Cidades	Intensidade (em Erlangs)
1. São Paulo — Rio de Janeiro	2.026.5
2. São Paulo — Santos	1.599.5
3. São Paulo — Jundiaí	1.587.2
4. São Paulo — Campinas	1.459.7
5. São Paulo — Porto Alegre	663.9
6. São Paulo — Belo Horizonte	646.3
7. São Paulo — Sorocaba	640.9
8. São Paulo — Curitiba	624.9
9. Ribeirão Preto — Franca	447.5
10. São Paulo — São José dos Campos	441.9
11. São Paulo — Piracicaba	415.9
12. Porto Alegre — Caxias do Sul	397.1
13. São Paulo — Salvador	379.8
14. São Paulo — Recife	308.8
15. São Paulo — Brasília	308.4
16. São Paulo — Ribeirão Preto	295.1
17. Rio de Janeiro — Belo Horizonte	284.9
18. Campinas — Piracicaba	269.5
19. Rio de Janeiro — Brasília	231.3
20. São Paulo — Taubaté	215.2
21. Rio de Janeiro — Volta Redonda	214.9
22. Porto Alegre — Pelotas	206.8
23. São Paulo — São José do Rio Preto	205.9
24. Porto Alegre — Santa Maria	203.4
25. São Paulo — Fortaleza	200.6
26. Rio de Janeiro — Petrópolis	193.7
27. São Paulo — Bauru	189.7
28. Salvador — Feira de Santana	187.8
29. São Paulo — Goiânia	187.3
30. São Paulo — Blumenau	173.8
31. Campinas — Jundiaí	164.2
32. Rio de Janeiro — Salvador	160.7
33. São Paulo — Uberlândia	159.2
34. Rio de Janeiro — Porto Alegre	158.9

35. São Paulo — Franca	154.3
36. São Paulo — Vitória	153.7
37. Rio de Janeiro — Vitória	153.5
38. Brasília — Goiânia	153.4
39. São Paulo — Manaus	151.6
40. Rio de Janeiro — Campos	135.9
41. Blumenau — Florianópolis	134.4
42. São Paulo — Campo Grande	130.4
43. Rio de Janeiro — Curitiba	129.7
44. São Paulo — Londrina	126.4
45. São Paulo — Belém	123.2
46. São Paulo — Caxias do Sul	122.5
47. São José dos Campos — Taubaté	119.6
48. Campo Grande — Dourados	116.4
49. Porto Alegre — Curitiba	112.3
50. Rio de Janeiro — Recife	111.4
51. Rio de Janeiro — Campinas	110.7
52. Rio de Janeiro — Santos	107.4
53. Blumenau — Joinville	103.9

FONTE: Embratel, 1994.

i) Dos 2.415 pares de fluxos médios descritos pela matriz de fluxos telefônicos (4.830 ÷ 2), apenas 53, ou 2,19% dos pares, apresentam fluxos iguais ou superiores a 100,0 erlangs, revelando uma nítida dominância de fluxos com intensidade moderada ou fraca. Os 53 fluxos envolvem 38 das 70 cidades, das quais 32 localizadas na Região Centro-Sul. Ratifica-se, assim, a concentração espacial dos centros com elevados totais de fluxos e a desigual integração da rede urbana brasileira.

ii) A cidade de São Paulo é o foco de 28 dos 53 fluxos mais intensos, seguida do Rio de Janeiro, com 12, Porto Alegre, com quatro, Campinas e Blumenau, com dois cada uma, e mais cinco cidades com uma convergência cada uma. São Paulo é o foco dos oito fluxos mais intensos.

iii) Dos 28 fluxos com foco em São Paulo, nove estão associados às metrópoles regionais, um ao Rio de Janeiro, um a Brasília, enquanto 11 às cidades paulistas, entre elas aquelas que apresentam intensidades muito elevadas, superiores a 1.000.0 erlangs (Santos, Jundiaí e Campinas), e a seis outros centros localizados na Região Centro-Sul, Vitória, Uberlândia, Campo Grande, Londrina, Blumenau e Caxias do Sul.

iv) Fora da Região Centro-Sul, a metrópole paulista apresenta ligações intensas apenas com centros metropolitanos, Salvador, Recife, Fortaleza, Belém e Manaus, enquanto no Centro-Sul suas ligações mais intensas se fazem com metrópoles, capitais estaduais e numerosas capitais regionais e centros industriais. Há, assim, uma nítida diferenciação espacial na atuação de São Paulo.

v) A região próxima à metrópole paulista (Santos, Campinas, Jundiaí, Sorocaba e São José dos Campos) é responsável, no conjunto, por 38,1% dos 15.037.0 erlangs que estão, no total, associados à metrópole paulista. São 5.729.2 erlangs, mais do que com as nove metrópoles regionais reunidas (3.291.4 erlangs, ou 21,8%). Há, assim, uma área fortemente integrada em torno da metrópole paulista.

vi) O Rio de Janeiro tem as suas interações mais intensas com três metrópoles do Centro-Sul, Brasília e duas metrópoles nordestinas, Salvador e Recife, e mais seis outras cidades, todas no Centro-Sul, a saber: Volta Redonda, Petrópolis, Campos e Vitória, na sua hinterlândia regional, e Campinas e Santos na região próxima à metrópole paulista.

vii) Diferentemente de São Paulo, o Rio de Janeiro apresenta ligações mais intensas com as metrópoles regionais e Brasília (1.073.9 erlangs) do que com os centros de sua hinterlândia regional (698.0), além de uma muito forte ligação com a metrópole paulista. Assim, a metrópole carioca é muito mais de âmbito nacional do que regional, enquanto São Paulo, maior metrópole nacional, é também uma sólida metrópole regional.

viii) A metrópole de Porto Alegre sobressai-se das demais por ser o foco de quatro articulações intensas, com Caxias do Sul, Pelotas, Santa Maria e Curitiba, revelando a sua sólida função metropolitana e a densidade e diversidade das atividades econômicas do Sul do país. Isto é ratificado pela constatação de que a cidade catarinense de Blumenau é o foco de duas ligações telefônicas intensas, com Joinville e com Florianópolis.

ix) Há ainda outros sete conjuntos de centros articulados intensamente. Apenas um deles localiza-se fora da Região Centro-Sul, o conjunto Salvador/Feira de Santana. Os outros seis são: Brasília/Goiânia, Campo Grande/Dourados, Ribeirão Preto/Franca, São José dos Campos/Taubaté, Campinas/Jundiaí e Campinas/Piracicaba, os quatro últimos na região urbano-industrial de São Paulo.

x) Campinas, a terceira cidade em termos de fluxos telefônicos, conforme apontado no Quadro 1, merece pesquisas complementares sobre o seu papel na rede urbana brasileira. Tem 52,7% de seus fluxos com a metrópole paulista, indicando a forte integração a São Paulo. Com as cidades da região urbano-industrial de São Paulo, Santos, Jundiaí, Piracicaba, São José dos Campos, Taubaté, Ribeirão Preto e Franca, suas interações representam 28,9% dos fluxos totais, ou 800.4 erlangs, e com as nove metrópoles regionais, 6,6%, ou seja, correspondentes, em termos absolutos, a 183.9 erlangs, não muito distantes dos valores com que Belo Horizonte, Curitiba, Porto Alegre e Salvador se articulam às metrópoles regionais. Pode-se, assim, indagar sobre a concretização do processo de transformação de Campinas em uma metrópole regional, tendo como hinterlândia a região urbano-industrial da metrópole paulista. Mas é de pensar em outras possíveis formas de organização da rede urbana naquela parte do território paulista.

xi) Aponte-se, finalmente, a quase total exclusão da Região Nordeste e da Amazônia dos fluxos telefônicos mais intensos. Fluxos intermetropolitanos como os de Recife/Salvador, Recife/Fortaleza ou Belém/Manaus são relativamente pouco intensos, inferiores àqueles existentes entre São José dos Campos e Taubaté ou Blumenau e Joinville. Ressalte-se que as articulações entre as metrópoles regionais e suas capitais regionais são também pouco intensas, como se exemplifica com as ligações entre Recife e Caruaru, Recife e João Pessoa, Salvador e Aracaju, Fortaleza e Juazeiro do Norte e Belém e Santarém.

A concentração espacial das interações, aqui sumariamente descritas, suscita inúmeras questões para investigação.

A PRIMAZIA DE SÃO PAULO: UMA COMPARAÇÃO COM O RIO DE JANEIRO

A literatura sobre a rede urbana brasileira tem apontado que, entre as duas metrópoles nacionais, São Paulo apresenta uma supremacia crescente, sobressaindo-se como a grande metrópole nacional, o foco principal da vida econômica, política e cultural do país, como, entre outros, aponta Corrêa (1996).

A presente nota procura evidenciar a primazia paulistana sobre a metrópole carioca por intermédio dos fluxos telefônicos recebidos, originários dos outros 68 centros selecionados e dos fluxos que cada metrópole nacional recebe da outra.

Verifica-se que a metrópole paulistana atua mais intensamente que o Rio de Janeiro em 61 das 68 cidades. Entre aquelas, estão todas as metrópoles regionais, as demais capitais estaduais, à exceção de Rio Branco e Vitória, e mesmo Brasília, que interage mais intensamente com São Paulo do que com a ex-capital federal.

O Rio de Janeiro atua mais intensamente do que São Paulo em apenas sete centros, Rio Branco, no longínquo Acre, e seis centros localizados na sua hinterlândia regional, Vitória e Cachoeiro de Itapemirim, no Espírito Santo, Juiz de Fora, na próxima Zona da Mata mineira e os centros fluminenses de Volta Redonda, Petrópolis e Campos.

A primazia de São Paulo é ampliadamente ratificada quando se constata a intensidade de sua atuação comparada à do Rio de Janeiro. Das 61 cidades, 53 estão ligadas a São Paulo com intensidade superior ao dobro da intensidade com que se ligam ao Rio de Janeiro, enquanto destas, 28 cidades apresentam com São Paulo intensidade de ligações igual ou superior a cinco vezes aquelas que mantêm com a metrópole carioca. Das 28 cidades, 21 localizam-se em áreas onde se verificou o desenvolvimento de poderosos complexos agroindustriais (Rio Verde, Rondonópolis e Dourados, por exemplo), com importantes centros de serviços (como Bauru, Uberlândia, Maringá, Londrina e Santa Maria). Centros industriais poderosos, como Caxias do Sul e Joinville, estão aí incluídos, assim como centros localizados na região urbano-industrial de São Paulo, como Campinas, Jundiaí, Piracicaba, Santos, São José dos Campos, Sorocaba e Taubaté. Apenas sete dos 28 centros localizam-se na Amazônia e no Nordeste, nenhum deles tendo a função de capital de uma unidade da Federação.

A primazia de São Paulo sobre o Rio de Janeiro é ainda ratificada quando são comparadas as interações entre ambas. Os fluxos telefônicos entre ambas são muito mais importantes para a metrópole carioca do que para São Paulo, indicando a relativa independência da metrópole paulista em face do Rio de Janeiro. Assim, do total de 15.331.9 erlangs recebidos por São Paulo, o Rio de Janeiro contribui com 1.877.8 erlangs, ou seja, 12,2% do total, enquanto São Paulo contribui com 2.175.7 erlangs dos 5.541.8 que o Rio de Janeiro recebe, ou seja, 39,5% de seu total recebido.

As constatações feitas neste estudo sugerem novos estudos a respeito da primazia paulistana e do declínio da metrópole carioca.

As Interações das Metrópoles Regionais

As interações das metrópoles regionais estão vinculadas, de um lado, às suas funções centrais e, de outro, às suas especializações funcionais, seja na esfera produtiva, seja nos serviços especializados. No primeiro caso, as interações se fazem, preponderantemente, com centros hierarquicamente inferiores, localizados em suas hinterlândias regionais. No segundo caso, as interações estendem-se além das hinterlândias regionais, envolvendo outros centros urbanos, inclusive outras metrópoles regionais, em relação às quais as interações tendem a ser de complementaridade e não de subordinação hierárquica. Com a metrópole nacional, por sua vez, as interações tendem a ser, preponderantemente, de subordinação.

As interações acima descritas correspondem, em realidade, àquelas vinculadas a uma economia complexa, caracterizada, e viabilizada, por uma complexa divisão territorial do trabalho e uma associada rede urbana cujos centros estão fortemente integrados entre si. Em uma economia menos complexa, as interações das metrópoles regionais tendem a se realizar, de um lado, com a metrópole nacional e, de outro, com os centros de suas hinterlândias regionais, de acordo com o modelo christalleriano (Corrêa, 1997). Ressalte-se, contudo, que entre os dois tipos ideais descritos há inúmeras situações intermediárias, seja entre distintas economias nacionais, seja no interior de uma dada economia nacional.

Visando verificar as interações espaciais das metrópoles regionais brasileiras, elaboramos o Quadro 4, que descreve a intensidade de suas interações com as duas metrópoles nacionais, com os centros de suas hinterlândias regionais, com as outras metrópoles regionais e com os demais centros, extra-regionalmente localizados. O quadro refere-se aos fluxos médios, isto é, à média dos fluxos recebidos e enviados associados a cada metrópole regional. Por outro lado, os valores indicados estão em percentagem.

QUADRO 4
FLUXOS TELEFÔNICOS DAS METRÓPOLES REGIONAIS
1994

Metrópoles Regionais	Fluxos Telefônicos				
	%				Totais Absolutos
	1	2	3	4	
Belo Horizonte	50.6	16.3	10.9	22.2	1.855.0
Curitiba	45.6	24.1	12.5	17.8	1.659.3
Porto Alegre	37.5	36.7	9.2	16.6	2.200.0
Salvador	46.8	20.6	17.6	15.0	1.158.2
Recife	34.9	29.5	19.6	16.0	1.204.3
Fortaleza	36.0	13.9	24.6	25.5	742.6
Belém	32.5	20.8	26.8	19.8	565.3
Manaus	42.8	15.4	20.0	21.8	456.7
Goiânia	28.3	37.4	11.6	22.7	818.0
Fluxo Médio	39.0	24.1	17.0	19.9	

1 – Metrópoles Nacionais
2 – Centros da Hinterlândia Regional
3 – Metrópoles Regionais
4 – Outros Centros Extra-regionais

FONTE: Embratel — 1994.

Em termos gerais, as metrópoles regionais brasileiras apresentam cerca de 40% de seus fluxos telefônicos com as metrópoles nacionais, particularmente com São

Paulo, e cerca de um quarto com os centros urbanos localizados em suas respectivas hinterlândias regionais. Assim, no conjunto, apresentam um padrão de interações espaciais preponderantemente de acordo com o modelo dos lugares centrais. No entanto, 36,9% das interações, cerca de um terço, são com as outras metrópoles regionais e centros extra-regionalmente localizados, indicando uma relativa complexidade de interações espaciais, as quais indicam uma ruptura com padrões de interações nitidamente christallerianos (Corrêa, 2001).

A análise do Quadro 4 revela, no entanto, significativas diferenças regionais, tanto no que diz respeito ao total de fluxos — Porto Alegre é cerca de cinco vezes maior que Manaus, por exemplo — como às específicas intensidades de fluxos telefônicos para os quatro conjuntos de centros considerados.

O grau de integração das metrópoles regionais às metrópoles nacionais é desigual. Belo Horizonte, Curitiba, Salvador e Manaus apresentam fluxos telefônicos superiores à média. Por outro lado, o grau de articulação com os centros das respectivas hinterlândias é variável, destacando-se Porto Alegre, Curitiba, Recife e Goiânia, que apresentam significativos fluxos intra-regionais. As metrópoles nordestinas e da Amazônia, por sua vez, apresentam-se relativamente mais articuladas com outras metrópoles regionais do que as metrópoles do Centro-Sul. Destas articulações emergem as conexões Belém/Manaus, de um lado, e Recife com Salvador e Fortaleza, de outro. As interações entre as nove metrópoles regionais e os demais centros extra-regionais são relativamente mais significativas para Belo Horizonte, Fortaleza, Belém, Manaus e Goiânia.

Há, em realidade, um relativamente complexo conjunto de combinações envolvendo as metrópoles regionais e os quatro tipos de interações indicados no Quadro 4. Pode-se afirmar que as diferenças de combinações revelam situações distintas de inserção na rede urbana brasileira por parte de suas metrópoles regionais. Algumas estão mais integradas regionalmente, enquanto outras têm expressivas articulações com centros extra-regionalmente localizados. Esta e outras possíveis questões, contudo, estão além do escopo desta nota. Mas suscitam novas investigações e reflexões.

À Guisa de Conclusão

Esta nota apresentou alguns resultados de uma pesquisa sobre a rede urbana brasileira. Os resultados indicam com clareza a concentração espacial dos fluxos telefônicos numa nítida *core area*, especialmente na região urbano-industrial de São Paulo, cuja primazia é maior, segundo as suas interações espaciais, do que quando considerada em termos demográficos, e a existência de um conjunto de metrópoles regionais, já evidenciado, que apresentam interações que denotam outro padrão de rede urbana.

Muitas questões podem ainda ser formuladas. Respostas a elas ampliarão o conhecimento sobre a rede urbana brasileira, para a qual esta nota espera ter contribuído.

BIBLIOGRAFIA

AFONSO, Monica M. A Rede Urbana de Santa Catarina. Uma Análise com Base nos Fluxos Telefônicos. Monografia de Bacharelado. Departamento de Geografia, UFRJ, 2001.

CORRÊA, Roberto L. Metrópoles, Corporações e Espaço: Uma Introdução ao Caso Brasileiro. *In:* Castro, I. E.; Gomes, P.C.C. e Corrêa, L.R. (Orgs.) *Brasil. Questões Atuais da Reorganização do Território*. Rio de Janeiro, Bertrand Brasil, 1996.

______. Interações Espaciais. *In:* Castro, I.E.; GOMES, P.C.C. e CORRÊA, R.L. (Orgs.) *Explorações Geográficas*. Rio de Janeiro, Bertrand Brasil, 1997.

______. Reflexões sobre a Dinâmica Recente da Rede Urbana Brasileira. *Anais do IX Encontro Nacional da Anpur*, Rio de Janeiro, v. 3, 2001.

IBGE. Regiões de Influência das Cidades. Rio de Janeiro, IBGE e Ministério da Habitação, Urbanismo e Meio Ambiente, 1987.

NACIF, Cristina L. *A Rede Urbana do Sudeste: uma Análise Através dos Fluxos Telefônicos*. Dissertação de Mestrado. Departamento de Geografia, UFRJ, 1993.

NYSTUEN, J. e Dacey, M. A Graph Theory Interpretation of Nodal Regions. *Papers and Proceedings of the Regional Science Association*, 7, 1961.

RAMOS, Teresa M.M.A. *Interações Espaciais no Estado de São Paulo: uma Análise Comparativa entre Dois Tipos de Redes*. Dissertação de Mestrado. Departamento de Geografia, UFRJ, 1998.

8. Reflexões sobre a Dinâmica Recente da Rede Urbana Brasileira*

A rede urbana, entendida como um conjunto de centros funcionalmente articulados, constitui-se em um reflexo social, resultado de complexos e mutáveis processos engendrados por diversos agentes sociais. Desta complexidade emerge uma variedade de tipos de redes urbanas, variadas de acordo com combinações de características, como o tamanho dos centros, a densidade deles no espaço regional, as funções que desempenham, a natureza, intensidade, periodicidade e alcance espacial das interações e a forma da rede. Pode-se, em realidade, identificar, entre outras, redes urbanas dos tipos solar, dendrítico, christalleriano, axial, circular e de múltiplos circuitos, conforme já apontaram, por exemplo, Smith (1976) e Corrêa (1989b; 1997a e 1997b), ou ainda redes urbanas organizadas segundo a periodicidade dos mercados (Skinner, 1964) ou de acordo com os dois circuitos da economia urbana (Santos, 1979).

Reflexo social, a rede urbana constitui-se, também, como qualquer materialidade social em uma condição; uma das matrizes em que é forjada a reprodução da exis-

---

* Publicado originalmente nos *Anais do IX Encontro Nacional da Anpur*, v. 2, Rio de Janeiro, 2001.

tência social envolvendo as condições de produção, as relações sociais e os traços culturais.

Reflexo e condição social, a rede urbana, por isso mesmo, está submetida a um dinamismo, maior ou menor e com ritmos variados, próprio de cada contexto espaço-temporal, isto é, de cada formação espacial, conforme observa Corrêa (2000). Este dinamismo origina-se tanto de fatores externos a cada rede urbana específica como de fatores internos, a partir de possibilidades e motivações de seus agentes sociais. Nesse dinamismo, em conseqüência, podem ser alterados o tamanho, a densidade e as funções dos centros urbanos, assim como a natureza, intensidade, periodicidade e o alcance espacial das interações, e a forma espacial da rede.

Não conhecemos, em toda a sua extensão, a natureza e as conseqüências desse dinamismo que afeta, no presente, a rede urbana brasileira. Nem mesmo o que ocorreu no passado. Assim, por exemplo, pode-se inquirir sobre o papel de processos recentes sobre as formas criadas no passado. Ou sobre o papel da inércia na manutenção de formas ou interações espaciais herdeiras de um passado mais ou menos próximo e que convivem com processos e formas criados recentemente. Há, em realidade, muitas questões a serem formuladas.

O presente texto tenta, por meio de uma reflexão, contribuir para tornar inteligível a rede urbana brasileira na atualidade, fruto de uma dinâmica que, recentemente, foi capaz de alterá-la poderosamente.

I — A Rede Urbana por Volta de 1960

A rede urbana brasileira caracterizava-se, por volta de 1960, por diversas características, das quais destacaremos apenas três, tendo em vista caracterizá-las no presente. A relativamente pequena complexidade funcional dos centros urbanos era uma dessas características, enquanto outra era, associada a esta, o pequeno grau de articulação entre os centros, definindo um padrão de articulação ainda fortemente marcado por relações regionais. A terceira característica, que emerge das anteriores, era o padrão espacial com que a rede urbana estava construída.

a) A pequena complexidade funcional dos centros urbanos

Uma relativamente pequena divisão territorial do trabalho ainda marcava a vida econômica de grandes áreas do país. O processo de uma mais efetiva integração nacional ainda estava em seu começo e as atividades industriais não tinham a expressão que têm, vinculando-se fortemente a mercados regionais. Em conseqüência, os centros urbanos caracterizavam-se sobremaneira como lugares centrais (Christaller, 1966). Apresentavam nítida hierarquia, na qual, abaixo de duas claras metrópoles nacionais, Rio de Janeiro e São Paulo, apareciam metrópoles regionais consolidadas, Porto Alegre, Salvador, Recife e Belém, metrópoles regionais em formação, Belo Horizonte, Curitiba e Fortaleza, inúmeras capitais regionais, centros sub-regionais, centros de zona e centros locais. Adicionalmente, muitos desses centros desempenhavam ainda funções de coleta, beneficiamento e comercialização de produtos agrícolas produzidos em suas hinterlândias locais ou regionais, como café, arroz, cacau, fumo e outros. Outros centros urbanos, localizados sobretudo em áreas pastoris, acumulavam ainda a função de centros de drenagem e consumo da renda fundiária graças ao absenteísmo dos grandes proprietários rurais. Em resumo, mencionar que uma determinada cidade era uma capital regional era definir o seu papel no conjunto da rede urbana brasileira e não apenas na rede de lugares centrais.

Este esforço de generalização, contudo, não leva em conta algumas áreas da macrorregião Centro-Sul, notadamente nas proximidades da metrópole paulistana, onde já aparecia uma série de centros industriais que, se surgiram anteriormente, ampliaram as suas atividades industriais após 1955 com a política de industrialização dos anos 50.

b) As interações predominantemente regionais

A esta pequena complexidade funcional da rede urbana associava-se um padrão de interações espaciais predominantemente regionais. Em outros termos, o país estava estruturado em torno de metrópoles regionais consolidadas ou em formação. É no âmbito das hinterlândias metropolitanas que se processavam as relações econômicas principais. Dois exemplos ilustram bem esse padrão de interações predominantemente regionais.

O primeiro exemplo remete-nos à rede ferroviária, cuja importância ainda se fazia sentir na década de 1950.

Cada uma das metrópoles era o foco principal de uma ferrovia regional: Porto Alegre (Viação Férrea do Rio Grande do Sul), Curitiba (Viação Férrea Paraná-Santa Catarina), Belo Horizonte (Rede Mineira de Viação), Salvador (Estrada de Ferro Leste Brasileiro), Recife (Great Western of Brazil) e Fortaleza (Rede de Viação Cearense). Belém, por sua vez, sediava a pequena Estrada de Ferro Bragança, articulando-se à sua hinterlândia sobretudo por via fluvial. No caso do Rio de Janeiro, duas ferrovias aí estavam sediadas, a Estrada de Ferro Central do Brasil, ligando-a a São Paulo e a Belo Horizonte, e ao norte de Minas Gerais, e a Leopoldina Railway, que articulava o interior fluminense, o território capixaba e a Zona da Mata mineira a ela. Já para a metrópole paulistana, dotada de próspera e ampla hinterlândia e em vias de se tornar a grande metrópole nacional, convergiam inúmeras ferrovias que a conectavam com o interior paulista, o Triângulo Mineiro, o sul goiano e o sul-mato-grossense: Estrada de Ferro Santos-Jundiaí, Estrada de Ferro Mogiana, Estrada de Ferro Sorocabana e Companhia Paulista de Estrada de Ferro, além de outras menores.

Complementando a rede ferroviária, havia uma navegação de cabotagem por meio da qual estabeleciam-se as articulações inter-regionais: numerosos portos, muitos dos quais desapareceriam ou teriam em muito reduzida a importância, pontilhavam o litoral brasileiro.

O segundo exemplo vincula-se aos bancos, que também estavam estruturados em redes regionais. Assim, em 1961, apenas o Banco do Brasil S.A. e o Banco da Lavoura de Minas Gerais, sediado em Belo Horizonte, possuíam agências que, ainda que precariamente, cobriam todo o território nacional. Os demais 331 bancos eram eminentemente de ação regional, tendo suas sedes em 77 centros urbanos e apenas, e em média, 15,7 unidades funcionais ou agências por banco (Corrêa, 1989a). E isto já representava um avanço quando se comparam estes dados com os relativos a 1941, que denotam enorme pulverização bancária: 512 bancos e apenas 1.134 unidades funcionais, apresentando, em média, 2,2 unidades por banco.

Os bancos, por onde viabiliza-se parcela ponderável da circulação de capital, eram eminentemente regionais, atuando na hinterlândia das metrópoles em que estavam as suas sedes. Assim, os bancos porto-alegrenses atuavam sobretudo no Rio Grande do Sul, os bancos de Salvador na Bahia, os de Recife em Pernambuco e os da metrópole paulista no estado de São Paulo: das 1.580 unidades funcionais controladas por São Paulo, 1.273 estavam em território paulista e 179 no Paraná, sobretudo em sua porção norte, à época subordinada à metrópole paulista (Corrêa, 1989a).

Em resumo, a estrutura espacial bancária refletia e condicionava a organização da rede urbana em células regionais pouco integradas entre si.

c) Os padrões espaciais

As articulações inter-regionais eram difíceis e se faziam por meio das metrópoles regionais. O país era ainda um conjunto pouco articulado de células regionais, cada uma com um conjunto de lugares centrais e poucos centros especializados. Em decorrência disto, as diversas redes urbanas regionais eram basicamente de dois tipos. O primeiro, herdeiro de um passado colonial, de conquista e ocupação a partir de pontos iniciais no litoral, é do tipo dendrítico, que, por volta de 1960, tinha na rede urbana de Belém a sua mais notável expressão. O segundo, caracterizado por lugares centrais hierarquizados, é do tipo christalleriano, em regra guardando, pela localização excêntrica da metrópole, uma matriz dendrítica.

II — As Transformações Recentes

Transformações sociais, instauradas sobretudo a partir da década de 1950, irão afetar profundamente a sociedade brasileira. Relevante para os propósitos deste trabalho é apontar que essas transformações afetarão sobremaneira a rede urbana brasileira, reflexo e condição da sociedade brasileira em sua dinâmica.

Essas transformações, contudo, foram marcadas por uma diferenciação espaço-temporal. Em outros termos, os processos que ocorreram alterando a rede urbana não se manifestaram simultaneamente em todos os lugares. Manifestaram-se primeiramente em certos pontos privilegiados do território nacional, em regra na *core area*, particularmente nas metrópoles paulista e carioca, de onde se difundem de modo desigual pelas redes urbanas regionais. Nessa difusão, ao que tudo indica, os centros metropolitanos preexistentes ou os centros em via de se transformarem em metrópoles regionais foram os primeiros a ser alterados pelas transformações sociais, seguindo-se os centros de acordo com a hierarquia urbana. Por outro lado, o conjunto de centros das macro-regiões Sudeste e Sul foi primeiramente alterado, seguindo-se os centros das demais macrorregiões. Houve, assim, um processo de difusão espacial que tem na incorporação de áreas ainda pouco integradas da Amazônia ocidental a sua continuidade, iniciada na década de 1950 de modo localizado e que acelerou-se ao longo das décadas seguintes.

As transformações sociais e sua expressão na rede urbana inscrevem-se nos diferentes modos de inserção do país no processo de globalização, no bojo do qual verifica-se uma integração nacional. Ambas, globalização e integração nacional, manifestam-se, entre outras expressões, na rede urbana.

A inserção do Brasil no processo de globalização e a integração nacional, conforme aponta Corrêa (1999), estão associadas:

i) à industrialização, que gerou, a partir da década de 1950, particularmente com o Plano de Metas, uma poderosa e diversificada produção industrial de bens de capital, bens de consumo duráveis e bens de consumo não duráveis. Delinearam-se áreas e centros industriais diversificados ou especializados, gerando impactos na produção de outros setores produtivos, alterando, assim, a divisão territorial do trabalho preexistente. Ressalte-se a centralidade que a industrialização teve nas transformações que serão a seguir apontadas.

ii) à urbanização, que se manifesta tanto em termos quantitativos como qualitativos. Assim, de um lado, verificou-se o aumento numérico, absoluto e relativo, da população urbana, que tende a concentrar-se nas grandes cidades, particularmente nas periferias metropolitanas. De outro, verificou-se a difusão de um modo de vida urbano com mudanças nos padrões de comportamento, implicando, entre outras, mudanças no consumo.

iii) à mais complexa estratificação social associada aos processos de industrialização e urbanização, produzida pela intensidade das forças de estruturação social, forças primárias, residuais e derivativas. Particularmente significativas foram as forças derivativas que geraram a ampliação das classes médias no país (Harvey, 1975). Uma das implicações mais importantes no contexto destas reflexões é o aumento da variedade da demanda resultante da maior fragmentação social.

iv) à melhoria geral e progressiva da circulação, viabilizando interações espaciais mais eficientes de mercadorias, pessoas, informações e capital. Envolveu o reaparelhamento de alguns portos e aeroportos, a paulatina substituição do sistema ferroviário por uma cada vez mais densa e melhor rede rodoviária que integrou o país e, o que foi efetivamente inovador, a implantação de uma moderna e eficaz rede de telecomunicações, progressivamente informatizada. De modo diferenciado, segundo os diversos meios de circulação, verifica-se, em maior ou menor grau, um esforço concretizado de superação do espaço pelo tempo. Os impactos dessa melhoria geral da circulação sobre a rede urbana serão notáveis.

v) à industrialização do campo, fase além da simples modernização da agricultura. Implica ela a reestruturação fundiária e das relações sociais de produção, sistemas agrícolas de cultivos contínuos, por vezes associados a uma rotação de culturas, e o abandono da tradicional rotação de terras, novos cultivos, dos quais o da soja torna-se emblemático, e a adoção de novas variedades de plantas e animais, muitos dos quais produzidos em estações experimentais.

Implica ainda a reestruturação do *habitat* rural e a criação de uma paisagem destituída de homens graças ao poderoso processo emigratório que acompanha a industrialização do campo. A sua produção torna-se um ramo da indústria a que se vincula a montante e a jusante. Os diversos complexos agroindustriais são as expressões dessa industrialização do campo.

vi) à incorporação de novas áreas e à refuncionalização de outras, como são exemplos a Amazônia, a partir da década de 1970, efetivamente subordinada à economia global, e as áreas de vegetação aberta, de campos e de cerrado, que de áreas tradicionalmente pastoris foram transformadas em áreas agrícolas produtoras sobretudo de grãos, envolvendo uma mudança de valorização da natureza.

Os impactos sobre a rede urbana serão notáveis, viabilizando novas configurações espaciais que são criadas, em muitos casos, a partir do nada ou de muito pouca coisa preexistente. O caráter de fronteira, que tem sido uma tônica da sociedade brasileira, é, após 1950, estendido pelas décadas seguintes e chega ao século XXI, plenamente ratificado.

vii) a mudanças na organização empresarial com a constituição e a entrada de grandes corporações multifuncionais e com múltiplas localizações, estruturadas em redes, envolvendo não somente o setor industrial, mas também os setores comercial e de serviços. No âmbito dessas redes interempresariais, estabelecem-se formas de controle indireto, como são exemplos as franquias e as subcontratações.

Associadas à organização em rede estão também mudanças no processo produtivo com modelos de flexibilidade produtiva que, em muitos setores, substituem o sistema produtivo contínuo.

No bojo desse processo verifica-se a concentração do capital e das atividades de decisão e, ao mesmo tempo, a dispersão, por intermédio de um complexo processo de (re)localização das unidades filiais, sejam fabris, lojas ou unidades prestadoras de serviços, com centenas ou milhares de "assalariados externos", como apontado por Corrêa (1996). A concentração e dispersão dos bancos comerciais no período 1961-1985 é outro exemplo significativo (Corrêa, 1989a). Este processo prossegue pela década de 1990.

viii) a mudanças nos setores de distribuição atacadista e varejista. Estas mudanças alteraram profundamente o modelo tradicional de distribuição atacadista, apoiado no sistema ferroviário e na navegação de cabotagem e, em parte, em importações de uma relativamente grande gama de produtos. Apoiava-se ainda numa rede de atacadistas menores, muitas vezes atacadistas-varejistas que se localizavam no escalão inferior da rede de cidades: estes atacadistas-varejistas, em muitos casos, compravam produtos agrícolas das áreas próximas.

Relações diretas entre industrial e varejistas, por intermédio de filiais de vendas ou representações, substituíram aquelas relações tradicionais, afetando a vida econômica de inúmeras cidades que estava, em parte, focalizada no comércio atacadista. Entretanto, visando ao pequeno varejista, que não dispõe de economias de escala para se abastecer diretamente com a indústria, desenvolvem-se as modernas e poderosas empresas atacadistas, que dispõem de amplo alcance espacial: a empresa atacadista Martins, de Uberlândia, é um exemplo contundente.

Em relação ao comércio varejista, a difusão de cadeias de lojas, entre elas supermercados e hipermercados, e de shopping centers, mesmo em cidades com menos de 100.000 habitantes, teve, entre outros impactos, o de alterar padrões de deslocamento para compras já solidamente estabelecidos. A extraordinária difusão do circuito inferior da economia, produto das contradições do sistema social, alterará também, ainda que especialmente no âmbito do espaço urbano e não da rede urbana, as relações entre cidades de médio e pequeno portes (Santos, 1979).

Este conjunto de transformações tende a ocorrer de modo integrado, ainda que o peso de cada uma seja variável de lugar para lugar. Trata-se de uma combinação desigual das transformações que acaba produzindo uma complexa (re)diferenciação dos centros urbanos da rede: aqui nasce uma cidade, ali implantam-se novas indústrias, enquanto mais adiante inúmeros pequenos centros são transformados em reservatórios de força de trabalho agrícola; mais adiante ainda uma capital estadual transforma-se em metrópole regional, enquanto outros centros, pequenos lugares centrais, transformam-se em centros funcionalmente especializados.

Vejamos, de modo mais sistemático, os principais impactos dessas transformações na rede urbana brasileira.

III — A Rede Urbana no Alvorecer do Século XXI

As transformações anteriormente apontadas traduziram-se em maior complexidade da rede urbana brasileira. No presente texto, apontaremos as seguintes: a continuidade da criação de novos núcleos urbanos, a crescente complexidade funcional dos centros urbanos, a crescentes a articulação entre centros e regiões, a complexificação dos padrões espaciais da rede e as novas formas de urbanização.

a) A continuidade da criação de novos núcleos urbanos

A incorporação de novas áreas e a refuncionalização de outras tiveram como uma das conseqüências a criação de novos centros urbanos. País que sempre se caracterizou pela existência, numa região ou em outra, de uma fronteira de povoamento, o Brasil viu, com o processo de industrialização do campo, o aparecimento de fronteiras de modernização nas quais se verificam profundas transformações socioespaciais. Ambas as fronteiras suscitam novos centros de comercialização e beneficiamento de produção agrícola, de distribuição varejista e prestação de serviços ou, em muitos casos, de centros que já nascem como reservatórios de uma força de trabalho temporário. Os exemplos são numerosos, envolvendo a ação criadora de empresas, privadas e públicas, de colonização, fazendeiros, peões e garimpeiros e de empresas industriais e de mineração. O oeste baiano

(Santos Filho, 1989, e Haesbaert, 1997) e a Amazônia (Machado, 1984; Becker, 1985; e Corrêa, 1987) fornecem contundentes exemplos a este respeito.

b) A crescente complexidade funcional dos centros urbanos

As transformações ainda em curso na sociedade brasileira geraram uma mais efetiva divisão territorial do trabalho. Particularmente significativa foi a reavaliação locacional e ecológica dos centros urbanos e regiões pelas grandes empresas e elites locais para a qual tiveram relevante papel a melhoria geral da circulação, as mudanças na organização empresarial e o processo, em marcha, da industrialização, inclusive a do campo.

Na complexificação funcional dos centros urbanos amplia-se a diferenciação entre eles. Significa dizer que os centros urbanos não podem mais ser classificados com base em suas funções centrais, definidoras da posição de cada centro na hierarquia de lugares centrais, isto é, como metrópoles regionais, capitais regionais e assim sucessivamente. Especializações produtivas emergiram conferindo às cidades funções especializadas, muitas das quais melhor as definem. As especializações geraram centros que, em maior ou menor grau, gravitam em torno das indústrias metalúrgica, de calçados, confecções, móveis, maquinário agrícola, papel, entre outras, ou de serviços, como o religioso ou de ensino superior, ou do lazer, entre outras especializações.

Nesse processo de diferenciação funcional os centros afetados singularizam-se, inserindo-se na rede urbana nacional e global por meio da combinação de suas funções centrais, decadentes ou em expansão, com as funções especializadas que adquiriu.

Adicionalmente, na crescente complexificação funcional dos centros urbanos, verificaram-se outras alterações, entre elas:

i) a consolidação progressiva, após 1960, de São Paulo como a grande metrópole nacional, a capital do capital (Corrêa, 1989a; 1996);

ii) a consolidação de metrópoles regionais, como Belo Horizonte, Curitiba, Manaus e Goiânia;

iii) a mudança da posição hierárquica, subindo ou descendo, de muitos centros urbanos;

iv) a transformação de muitas pequenas cidades em reservatório de força de trabalho e lugar de aposentados;

v) a ampliação, em muitas capitais regionais e centros sub-regionais, do papel como focos de drenagem e consumo de uma renda fundiária vinculada às atividades agropastoris associadas à modernização do campo.

c) A crescente articulação entre centros e regiões

A articulação crescente entre centros e regiões deriva, em grande parte, da crescente complexificação funcional dos centros urbanos. As interações tornam-se mais intensas e complexas e muitos centros passam, em maior ou menor grau, a combinar interações que se realizam em escala local e regional com aquelas que se fazem a longa distância, interações de âmbito nacional e internacional. Estabelecem-se pouco a pouco interações entre centros de mesma dimensão demográfica localizados tanto em uma mesma região como em regiões distintas. Emergem também interações que articulam centros de tamanhos distintos e localizados em diferentes regiões comandadas por metrópoles regionais distintas.

Mas é na macrorregião Centro-Sul, particularmente na *core area* urbano-industrial, com epicentro em São Paulo, que esse novo padrão de complexas interações espaciais ganha maior visibilidade, articulando centros como Campinas, São José dos Campos, Sorocaba, Piracicaba, Limeira, São Carlos, Araraquara e Ribeirão Preto, sobretudo.

Questiona-se, contudo, em que medida este novo padrão de articulação espacial é dominante em todo o território nacional.

d) A complexificação dos padrões espaciais

Como conseqüência da complexificação funcional dos centros e das interações espaciais, a rede urbana brasileira passa a apresentar progressivamente, após 1960, padrões de redes mais complexos, não mais dendríticos e christallerianos, mas que poderiam ser definidos como padrões complexos com múltiplos circuitos.

Isto significa que o Brasil apresenta, no alvorecer do século XXI, numerosos e complexos ciclos de reprodução do capital, geradores de interações multifacetadas, multidirecionadas e de intensidades variadas que geram uma rede urbana cada vez mais complexa.

Entender a lógica de redes urbanas cada vez mais complexas é uma tarefa que se torna fundamental para compreender a sociedade brasileira e o seu território.

e) As novas formas de urbanização

No processo de transformação da rede urbana brasileira, os centros industriais, especializados ou diversificados e dotados de grande dinamismo, lugares centrais de certas regiões densas e prósperas e núcleos de veraneio, focos importantes da rede urbana, podem produzir uma coalescência, criando regiões urbanizadas.

Admitimos, a título de hipótese, que estas coalescências estão gerando:

i) uma megalópole que, tendo epicentro em São Paulo, espraia-se para a Baixada Santista, na direção de Sorocaba, ao longo do vale do Paraíba, em direção à metrópole carioca e, finalmente, em direção a Ribeirão Preto, incluindo Jundiaí, Campinas, Piracicaba, Americana, Limeira, Rio Claro, São Carlos e Araraquara;

ii) um corredor litorâneo que, do litoral gaúcho, no paralelo de Porto Alegre, estende-se ao litoral capixaba;

iii) novas aglomerações e eixos urbanizados, particularmente na macrorregião Centro-Sul.

Por outro lado, e finalmente, a rede urbana caracteriza-se crescentemente por centros urbanos cada vez maiores, cercados por amplos espaços vazios ou subocupados, indicando que as cidades são cada vez mais autônomas de um campo com o qual mantiveram, em um passado não muito distante, sólidas relações.

IV — Considerações Finais

O presente texto procurou apresentar algumas reflexões a respeito da dinâmica recente da rede urbana brasileira. Alguns pontos foram levantados e sucintamente discutidos. Precisam ser aprofundados. Inúmeras outras questões podem ser formuladas. Aqui serão apresentadas algumas delas para investigação:

i) Como as alterações nas esferas da produção, circulação e consumo afetam a rede de lugares centrais?

ii) Qual o real papel da telemática na reestruturação da rede urbana?

iii) Qual o papel da desconcentração de atividades na reestruturação da rede urbana?

iv) Qual a magnitude e quais os efeitos da drenagem da renda fundiária na rede urbana?

v) Qual o papel dos agentes locais e regionais na reestruturação da rede urbana?

vi) Que outras formas a rede urbana brasileira apresenta?

vii) O que há de novo nas redes urbanas, ou em seus segmentos, criadas recentemente?

viii) Quais os futuros papéis que a metrópole carioca irá desempenhar?

BIBLIOGRAFIA

BECKER, B.K. Fronteiras e Urbanização Repensadas. *Revista Brasileira de Geografia*, 1985; *43*(3-4), pp. 357-371.

CHRISTALLER, W. *Central Places in Southern Germany*. Englewood Cliffs, Prentice-Hall, Inc., 1966.

CORRÊA, R.L. A Periodização da Rede Urbana da Amazônia. *Revista Brasileira de Geografia*, 1987; *49*(3), pp. 39-68.

________ Concentração Bancária e os Centros de Gestão do Território. *Revista Brasileira de Geografia*, 1989a; *51*(2), pp. 113-122.

________ *A Rede Urbana*. São Paulo, Editora Ática, 1989.

________ Metrópoles, Corporação e Espaço: uma Introdução ao Caso Brasileiro. *In:* CASTRO, I.E.; GOMES, P.C.C. e CORRÊA, R.L. (Orgs.) *Brasil: Questões Atuais da Reorganização do Território*. Rio de Janeiro, Bertrand Brasil, 1996.

________ A Rede de Localidades Centrais nos Países Subdesenvolvidos. *In: Trajetórias Geográficas*. Rio de Janeiro, Bertrand Brasil, 1997a.

________ Interações Espaciais. *In:* CASTRO, I.E.; GOMES, P.C.C. e CORRÊA, R. L. (Orgs.) *Explorações Geográficas*, Rio de Janeiro, Bertrand Brasil, 1997b.

________ Globalização e Reestruturação da Rede Urbana: uma Nota sobre as Pequenas Cidades. *Território, 6*, pp. 43-53 , 1999.

________ Rede Urbana e Formação Espacial. *Território*, 2000; *8*, pp. 121-129.

HAESBAERT, R. *Des-territorialização e Identidade: a Rede Gaúcha no Nordeste*. Niterói, Eduf, 1997.

HARVEY, D. Class Structure in a Capitalist Society and the Theory of Residential Differentiation. *In:* PEEL, R.; CHISHOLM, M. e HAGGETT, P. (Orgs.) Process in Phisical and Human Geography. Londres, Heinemann Educational Books, 1975.

MACHADO, L.O. Significado e Configuração de uma Fronteira Urbana na Amazônia. *Anais do IV Congresso Brasileiro de Geógrafos*, São Paulo, Associação dos Geógrafos Brasileiros, 1984.

SANTOS, M. *O Espaço Dividido — Os Dois Circuitos da Economia Urbana dos Países Subdesenvolvidos*. Rio de Janeiro, Francisco Alves, 1979.

SANTOS FILHO, M. *O Processo de Urbanização no Oeste Baiano*. Recife, Sudene, 1989.

SKINNER, W.G. Marketing and Social Structure in Rural China, Part 1. *Journal of Asian Studies*, 1964; 24(1), pp. 3-43.

SMITH, C. Causes and Consequences of Central-Place Types in Western Guatemala. *In: Regional Analysis*, v. 1, *Economic Systems*. Nova York, Academic Press, 1976.

Impresso no Brasil pelo
Sistema Cameron da Divisão Gráfica da
DISTRIBUIDORA RECORD DE SERVIÇOS DE IMPRENSA S.A.
Rua Argentina 171 – Rio de Janeiro, RJ – 20921-380 – Tel.: 2585-2000